DIQU DIANWANG JIDIAN BAOHU
ZHENGDING JISUAN

地区电网继电保护
整定计算

国网安徽省电力有限公司　组编

中国电力出版社
CHINA ELECTRIC POWER PRESS

内 容 提 要

继电保护设备定值的正确性和合理性是发挥其电网安全稳定运行第一道防线的基础，随着经济社会发展，现阶段对继电保护整定计算提出更高要求，面临的形势和任务也更复杂、更困难。本书的编写突出继电保护整定计算的基础知识、基本技能及基本要求。遵循化繁为简、通俗易懂、面向实际的原则，在继电保护整定计算有关的国家、行业及国家电网公司的技术标准和规程规定基础上，按被保护对象和保护类型归纳总结继电保护整定计算应遵循的整定原则，辅以计算案例分析；在编写时注重变压器保护和线路保护间的衔接与配合；同时针对目前工作中常见的牵引供电线路保护、新能源并网保护的整定计算也单独论述。

本书共包括7章内容，分别为电力系统基础理论、整定计算基本知识、变压器保护、线路保护、母线保护、电容器与电抗器保护和新能源继电保护。

本书可供从事地县调电网继电保护整定计算的专业技术人员参考，也可供从事继电保护专业的技术人员或其他有兴趣人员了解继电保护整定计算使用。

图书在版编目（CIP）数据

地区电网继电保护整定计算/国网安徽省电力有限公司组编．—北京：中国电力出版社，2022.6
ISBN 978-7-5198-6236-7

Ⅰ.①地…　Ⅱ.①国…　Ⅲ.①电网—继电保护—电力系统计算　Ⅳ.①TM77

中国版本图书馆CIP数据核字（2021）第240479号

出版发行：中国电力出版社
地　　址：北京市东城区北京站西街19号（邮政编码100005）
网　　址：http：//www.cepp.sgcc.com.cn
责任编辑：岳　璐　邓慧都
责任校对：黄　蓓　朱丽芳
装帧设计：赵丽媛
责任印制：石　雷

印　　刷：三河市航远印刷有限公司
版　　次：2022年6月第一版
印　　次：2022年6月北京第一次印刷
开　　本：787毫米×1092毫米　16开本
印　　张：8.5
字　　数：188千字
印　　数：0001—2000册
定　　价：65.00元

编　委　会

主　　编　章　昊　王吉文　王同文

副 主 编　汤　伟　李铁柱　章　莉　于　洋　谢　民

编写人员　唐　艳　杨宗权　耿　辉　王　亚　曹菜平　胡中慧
储成娟　谭梦思　程晓平　王　栋　叶远波　邵庆祝
俞　斌　张　骏　汪　伟　马金辉　方林波　徐自力
王　松　沈新村　陈　伟　王　璨　石庆松　狄衡彬
谢　颎　王萍萍　袁祖慧　丁津津　孙　辉　张　峰
吴兴龙　陈福全　彭红梅　黄　玮　杨彬彬

前言

继电保护设备定值的正确性和合理性是发挥其电网安全稳定运行第一道防线的基础，随着经济社会发展，现阶段对继电保护整定计算提出更高要求，面临的形势和任务也更复杂、更困难。首先，不发生继电保护装置定值原因引起的电网停电事件是继电保护整定计算的基本宗旨；其次，在市县一体化运作推进过程中，无论是电网结构联系还是工作联系均较过去更紧密，以往“分级整定”各扫门前雪的工作思路已无法适应当前工作需要；再次，由于历史和地理原因，加之以往侧重于主网的继电保护整定计算，地调尤其是县调的继电保护整定计算质量和效率普遍不高，地区间差异较大、同质化水平较低，不同地区间交流甚少；最后，每个地县调少则一人多则两人从事继电保护整定计算工作，由于人员流动频繁，而继电保护整定计算又是一项专业性和技术性较强的工作，刚接触继电保护整定计算的从业人员往往无所适从，缺乏有效的专业培训教材。

电力系统在运行过程中时常发生的各种故障和不正常运行情况将导致电气设备和电力用户的正常工作遭受破坏，此时必须依靠装设在每个电气设备上的继电保护装置来切除故障设备防止电力系统事故的扩大，保证无故障部分连续供电以及维持系统运行稳定性。要实现这一目标，除了要选用原理正确、性能良好的继电保护装置外，正确地进行继电保护整定计算是十分重要的。通常作为继电保护专业防“三误”之一的“误整定”包含两层含义，一是继电保护装置的定值整定错误，即未按照下达的定值单进行整定而导致的继电保护装置误动作；二是继电保护整定计算错误，即整定定值单内容不正确或不合理导致的继电保护装置误动作。本书出版的目的主要是解决后者，即作为地县调从事继电保护整定计算的专业技术人员学习了解并掌握继电保护整定计算相关知识，尽可能减少继电保护整定计算错误发生的概率。

本书的编写突出继电保护整定计算的基础知识、基本技能及基本要求。遵循化繁为简、通俗易懂、面向实际的原则，在继电保护整定计算有关的国家、行业及国家电网公司的技术标准和规程规定基础上，按被保护对象和保护类型归纳总结继电保护整定计算应遵循的整定原则，辅以计算案例分析；在编写时注重变压器保护和线路保护间的衔接与配合；同时针对目前工作中常见的牵引供电线路保护、新能源并网保护的整定计算也单独进行论述。

本书共包含 7 章，第 1 章为电力系统基础理论，第 2 章为整定计算基本知识，第 3 至 7 章分别为变压器保护、线路保护、母线保护、电容器与电抗器保护、新能源继电保护；附录列出了继电保护整定计算常用的输电线路的理论参数及地区电网保护时间配合关系简图等参考资料。

本书可供从事地县调电网继电保护整定计算的专业技术人员参考，也可供从事继电保护专业的技术人员或其他有兴趣人员了解继电保护整定计算使用。

编者

2022 年 5 月

目　录

第1章　电力系统基础理论

1.1　标幺参数计算

1.1.1　标幺制的概念

在一般的电路计算中，电压、电流、功率和阻抗的单位分别用 V、A、W、Ω 表示，这种用实际有名单位表示物理量的方法称为有名单位制。在继电保护整定计算中，为简化计算、便于软件开发，通常采用标幺制。标幺制是相对单位制的一种，在标幺制中各物理量都用标幺值表示。标幺值定义由下式给出

$$标幺值=\frac{实际有名值(任意单位)}{基准值(与有名值同单位)} \tag{1-1}$$

例如，某线路的线电压 U 用有名值表示为 220kV，用标幺值表示时必须先选定电压的基准值。如果选电压的基准值 $U_B=220\text{kV}$，按式（1-1），该线路线电压的标幺值 U^* 应为

$$U^*=\frac{U}{U_B}=\frac{220\text{kV}}{220\text{kV}}=1.0$$

由此可见，标幺值是一个没有量纲的数值，对于同一个实际有名值，基准值选得不同，其标幺值也就不同。因此，当我们说一个量的标幺值时，必须同时说明它的基准值，否则，标幺值的意义是不明确的。

当选定电压、电流、功率和阻抗的基准值分别为 U_B、I_B、S_B 和 Z_B 时，相应的标幺值如下

$$\begin{aligned}
U^* &=\frac{U}{U_B}\\
I^* &=\frac{I}{I_B}\\
S^* &=\frac{S}{S_B}=\frac{P+jQ}{S_B}=\frac{P}{S_B}+j\frac{Q}{S_B}=P^*+jQ^*\\
Z^* &=\frac{Z}{Z_B}=\frac{R+jX}{Z_B}=\frac{R}{Z_B}+j\frac{X}{Z_B}=R^*+jX^*
\end{aligned} \tag{1-2}$$

1.1.2 基准值的选择

基准值的选择，除了要求基准值与有名值同单位外，原则上是可以任意的。但是，采用标幺值的目的是为了简化计算和便于对计算结果作出分析评价。

在电力系统分析中，主要涉及对称三相电路的计算。计算时，习惯上多采用线电压 U、线电流（即相电流）I、三相功率 S 和一相等效阻抗 Z。各物理量之间存在下列关系

$$U=\sqrt{3}ZI=\sqrt{3}U_X$$
$$S=\sqrt{3}UI=3S_X \tag{1-3}$$

式中，U_X、S_X 为一相电压、一相功率值。

当各量基准值之间的关系与有名值间的关系具有相同的方程式，即

$$U_B=\sqrt{3}Z_BI_B=\sqrt{3}U_{XB}$$
$$S_B=\sqrt{3}U_BI_B=3U_{XB}I_B=3S_{XB} \tag{1-4}$$

这样，在标幺制中便有

$$U^*=Z^*I^*=U_X^*$$
$$S^*=U^*I^*=S_X^* \tag{1-5}$$

由此可见，在标幺制中，线电压和相电压的标幺值相等，三相功率和单相功率的标幺值相等。这样就简化了公式，给计算带来了方便。在选择基准值时，习惯上也只选定 U_B 和 S_B，由此

$$Z_B=\frac{U_B}{I_B}=\frac{U_B^2}{S_B}$$
$$I_B=\frac{S_B}{\sqrt{3}U_B} \tag{1-6}$$

这样，电流和阻抗的标幺值为

$$Z^*=\frac{R+jX}{Z_B}=R^*+jX^*=R\frac{S_B}{U_B^2}+jX\frac{S_B}{U_B^2}$$
$$I^*=\frac{I}{I_B}=\frac{\sqrt{3}U_BI}{S_B} \tag{1-7}$$

采用标幺制进行计算，所得结果最后还要换算成有名值，其换算公式为

$$U=U^*U_B$$
$$I=I^*I_B=I^*\frac{S_B}{\sqrt{3}U_B}$$
$$S=S^*S_B \tag{1-8}$$
$$Z=(R^*+jX^*)\frac{U_B^2}{S_B}$$

在继电保护的整定计算过程中，各电压等级的电压基准值和功率基准值选择见表 1-1，

相应的电流基准值、阻抗基准值一并列出。

表 1-1　各电压等级基准值选择

电压等级（kV）	电压基准值（kV）	功率基准值（MVA）	电流基准值（A）	阻抗基准值（Ω）
3	3.15	1000	18 3291.2	0.0099
6	6.3	1000	91 645.6	0.0397
10	10.5	1000	54 987.4	0.1103
20	21	1000	27 493.7	0.4410
35	37	1000	15 604.5	1.3690
110	115	1000	5020.6	13.2250
220	230	1000	2510.3	52.9000
500	525	1000	1099.7	275.6000

1.1.3　不同基准值的标幺值间的换算

在继电保护的整定计算中，对于直接电气联系的网络，在制订标幺值的等效电路时，各元件的参数必须按统一的基准值进行归算。然而，从手册或产品说明书中查得的电动机和电器的阻抗值，一般都是以各自的额定容量（或额定电流）和额定电压为基准的标幺值（额定标幺阻抗）。由于各元件的额定值可能不同，因此，必须把不同基准值的标幺阻抗换算成统一基准值的标幺值。

由于有名值并不随基准值选择的不同而有所变化，因此，进行换算时，先把额定标幺阻抗还原为有名值；然后再以选定的统一的基准值进行标幺值计算。以阻抗计算为例。

首先，按式（1-9）计算阻抗的有名值，有

$$Z_{有名值}=Z_{(e)*}\frac{U_e^2}{S_e} \tag{1-9}$$

若统一选定的基准电压和基准功率分别为 U_B 和 S_B，那么以此为基准的标幺阻抗值应为

$$Z_{(B)}^{*}=Z_{有名值}\frac{S_B}{U_B^2}=Z_{(e)}^{*}\frac{U_e^2}{S_e}\frac{S_B}{U_B^2} \tag{1-10}$$

1.1.4　多级电压的网络中元件参数标幺值的计算

电力系统中有许多不同电压等级的线路段，它们由变压器来耦联。对于这种情况，可以对各电压等级电路分别选基准电压，如 U_{B1}、U_{B2}、U_{B3} 等。至于功率，整个输电系统应统一，所以各电压等级电路的基准功率都是 S_B。

在实际计算中，总是把基准电压选得等于（或接近于）该电压等级的额定电压。这样，可以从计算结果清晰地看到实际电压偏离额定值的程度。为了消除标幺参数等效电路中的理想变压器，又要求相邻两段（或三段）的基准电压比等于变压器的变比。这两个方面的要求一般是难以同时满足的。

为了解决上述困难，在工程计算中，各个电压等级都以其平均额定电压 U_{av} 作为基

准电压。根据我国现行的电压等级，各级平均额定电压规定为3.15、6.3、10.5、37、115、230、525、1100kV。

1.1.5 标幺制的特点

（1）易于比较电力系统各元件的特性及参数。同一类型的电动机，尽管它们的容量不同，参数的有名值也各不相同，但是换算成以各自的额定功率和额定电压为基准的标幺值以后，参数的数值都有一定的范围。

（2）采用标幺制，能够简化计算公式。

（3）采用标幺制，能在一定程度上简化计算工作。如在继电保护程序编制和计算时，采用标幺制计算则能简化数值存储缓存、提高计算效率。

标幺制的不足主要是没有量纲，物理概念不如有名值明确。

1.2 参数模型

1.2.1 对称分量法

在继电保护整定计算过程中，电力系统短路故障分析计算是其最重要和最基础的工作。对于对称性的三相短路故障，系统各相与正常运行时一样仍处于对称状态，实际上就是稳态交流电路的求解。而对于不对称故障的分析计算，一般采用对称分量法。

对称分量法是分析不对称故障的常用方法，由电工基本原理得到，一组不对称的三相电气量可分解为正序、负序和零序三组电气分量，在三相参数对称的线性电路（电力系统可认为满足这一要求）中，各序对称分量具有独立性。也就是说，当电路通以某序对称分量的电流时，只产生同一序对称分量的电压降。反之，当电路施加某序对称分量的电压时，电路中也只产生同一序对称分量的电流。这样，我们可以对正序、负序和零序分量分别进行计算。

因此，本节从电力系统的常用元件出发，分别介绍同步发电机、变压器、输电线路、电抗器、异步电动机及综合负荷的各序等效电路及其参数计算方法。

1.2.2 同步发电机

（1）正序等效电路和正序参数。通常给出的发电机参数为额定容量S_e(MVA)、额定电压U_e(kV)和X''_d、X''_q、X'_d、X_2、X_0、X_d。其中，X''_d、X''_q是有阻尼绕组的同步发电机在突然短路瞬间对应的直轴、交轴同步电抗，称为次暂态直轴、交轴同步电抗。X'_d是无阻尼绕组的同步发电机在突然短路瞬间的同步电抗，或有阻尼绕组的同步发电机在突然短路后阻尼绕组中的感应电流已衰减结束时对应的同步电抗，称为暂态直轴同步电抗。给出的X''_d是以本发电机额定容量、额定电压为基准值的标幺值（其他电抗值相同），为此将X''_d写成$X''^{*}_{d(e)}$。

在继电保护整定计算过程中，同步发电机的正序等效电路可用一个次暂态电动势

$E''_{[0]}$（下脚［0］表示短路故障前瞬间）和次暂态电抗 X'' 串联电路表示。次暂态电动势 $E''_{[0]}$ 可近似认为等于基准额定电压，而折算到整定计算用基准容量、基准电压下次暂态电抗的正序参数为

$$X''^{*}_{d(1)(B)}=X''^{*}_{d(e)}\frac{S_B}{S_e} \tag{1-11}$$

式中，$X''^{*}_{d(1)(B)}$ 为折算到基准容量 S_B 的次暂态电抗标幺值。

（2）负序等效电路和负序参数。同步发电机在对称运行时（如电力系统发生三相短路故障），只有正序电动势和正序电流，此时的电动机参数只有正序参数。当系统发生不对称短路时，如单相接地故障，发电机的电磁现象是相当复杂的。考虑到电力系统的短路故障一般发生在线路上，在短路电流的实用计算中，同步发电机的负序电抗可认为与短路种类无关，对于有阻尼绕组和无阻尼绕组的同步发电机的负序电抗可分别用式 $X_{(2)}=\frac{1}{2}(X''_d+X''_q)$ 和 $X_{(2)}=\sqrt{X'_dX_q}$ 表示。

作为近似估计，对汽轮发电机及有阻尼绕组的水轮发电机，负序电抗可采用 $X_{(2)}=1.22X''_d$；对无阻尼绕组的发电机，负序电抗可采用 $X_{(2)}=1.45X'_d$。

与正序电抗一样，折算到整定计算用基准容量、基准电压下次暂态电抗的负序参数为

$$X^{*}_{(2)(B)}=X^{*}_{(2)(e)}\frac{S_B}{S_e} \tag{1-12}$$

同步发电机的负序等效电路即为其负序电抗。

（3）零序等效电路和零序参数。同步发电机的零序参数是一个零序电抗 $X_{(0)}$，其变化范围大致是 $X_{(0)}=(0.15-0.6)X''_d$。

因发电机中性点不接地，故零序电流不能流入发电机定子绕组，在零序网络中发电机处于开路状态。

1.2.3　变压器

1. 正序等效电路和正序参数

（1）变压器的正序等效电路。电力系统中使用的变压器大多数是做成三相的，容量特大的也有做成单相的，但使用时总是接成三相变压器组。在电力系统计算中，双绕组变压器的近似等效电路常将励磁支路前移到电源侧。在这个等效电路中，一般将变压器二次绕组的电阻和漏抗折算到一次绕组侧并和一次绕组的电阻和漏抗合并，用等效阻抗 R_T+jX_T 来表示［见图 1-1（a）］。对于三绕组变压器，采用励磁支路前移的星形等效电路［见图 1-1（b）］，图中的所有参数值都是折算到一次侧的值。

自耦变压器的等效电路与普通变压器的相同。

随着电气化铁路的建设，越来越多的牵引变压器引入电力输电网络，牵引变压器主要有五种，即单相、V/V、V/X、三相 Yd11 和 Scott 接线。目前，我省电气化铁路均以 110kV 或 220kV 电压等级向其供电，主要采用 V/V 接线，以两相向不同方向的电动机车供电，其等效电路图如图 1-2 所示。

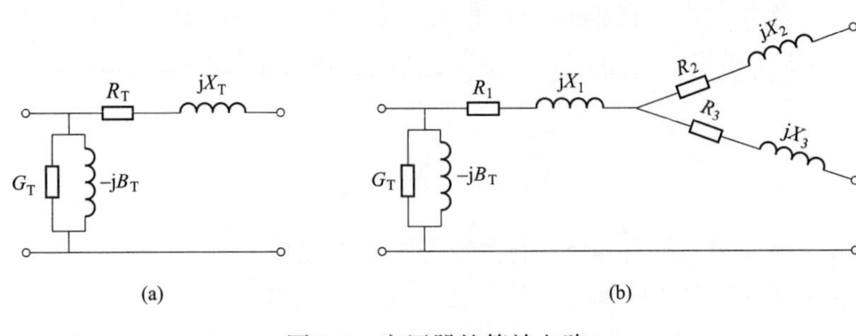

图 1-1　变压器的等效电路

(a) 双绕组变压器；(b) 三绕组变压器

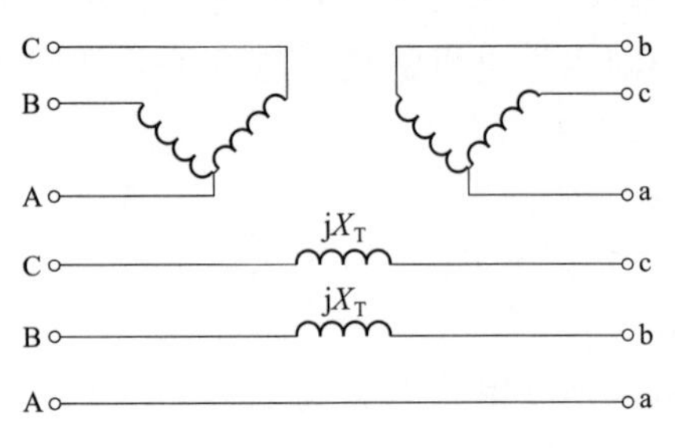

图 1-2　V/V 接线变压器的等效电路

(2) 变压器的正序参数。变压器的参数一般是指其等效电路（见图 1-1）中的电阻R_T、电抗X_T、电导G_T和电纳B_T。变压器的变比也是变压器的一个参数。

变压器的前四个参数可从出厂铭牌上代表电气特性的四个数据计算得到。这四个数据分别是短路损耗ΔP_S、短路电压$U_S\%$、空负荷损耗ΔP_0及空负荷电流$I_0\%$。前两个数据由短路试验得到，用以确定电阻R_T和电抗X_T；后两个数据由空负荷试验得到，用以确定电导G_T和电纳B_T。变压器的变比通常是指两侧绕组空负荷线电压的比值，在遇有多组分接抽头的变压器，其变比应是工作时两侧绕组实际抽头的空负荷线电压之比，它与同一铁芯柱上的一、二次绕组匝数比是有区别的。

在电力系统短路故障分析计算中，由于变压器绕组的电阻比电抗小得多，故一般忽略电阻R_T的影响；又因空负荷电流很小（即电导、电纳均较小，反映为阻抗值较大），可近似认为励磁支路开路；考虑到变压器的变比调整的目的是实现电力系统的运行调节，在合理选择基准值的情况下对短路故障的分析计算并无影响。故变压器的参数计算主要指其电抗X_T的计算。

1）双绕组变压器。变压器的短路电压百分数$U_S\%$是变压器通过额定电流时在阻抗上产生的电压降的百分数。对于大容量变压器，其绕组电阻比电抗小得多，故可近似认为短路电压百分数$U_S\%$是变压器通过额定电流时在电抗上产生的电压降的百分数，故

$$X_T=\frac{U_S\%}{100}\frac{U_e^2}{S_e}\times 10^3 \tag{1-13}$$

式中，S_e为变压器三相额定容量，kVA，U_e为额定线电压，为 kV，X_T为电抗，Ω。

折算到整定计算用基准容量、基准电压下变压器电抗X_T的正序标幺参数为

$$X^*_{T(1)(B)}=X_T\frac{S_B}{U_B^2} \tag{1-14}$$

2）三绕组变压器。对于三绕组变压器，设高、中、低三侧分别用 1、2、3 表示，如将各绕组两两看成一个双绕组变压器，令各绕组两两间的短路电压分别为$U_{S(1\text{-}2)}\%$、

$U_{S(2-3)}\%$、$U_{S(3-1)}\%$，则可求得各绕组的短路电压为

$$
\begin{aligned}
U_{S1}\% &= \frac{1}{2}(U_{S(1-2)}\% + U_{S(3-1)}\% - U_{S(2-3)}\%) \\
U_{S2}\% &= \frac{1}{2}(U_{S(1-2)}\% + U_{S(2-3)}\% - U_{S(3-1)}\%) \\
U_{S3}\% &= \frac{1}{2}(U_{S(2-3)}\% + U_{S(3-1)}\% - U_{S(1-2)}\%)
\end{aligned} \tag{1-15}
$$

和双绕组变压器一样，近似地认为电抗上的电压降就等于短路电压，则各绕组的等效电抗为

$$
X_i = \frac{U_{Si}\%}{100} \times \frac{U_e^2}{S_e} \times 10^3 \quad i=1,2,3 \tag{1-16}
$$

式中，X_i 的单位为 Ω。

折算到整定计算用基准容量、基准电压下变压器电抗 X_i 的正序标幺参数仍可沿用式（1-14）计算。

需要说明的是，手册和制造厂提供的短路电压值，不论变压器各绕组容量比如何，一般都已折算为与变压器额定容量相对应的值；因此，可直接使用式（1-15）和式（1-16）计算。

此外，升压结构和降压结构的三绕组变压器，虽然绕组的排列次序不同，但等效电路是完全相同的。只是升压结构的三绕组变压器低压绕组在中间（高压绕组在外层、中压绕组在里层），故 $U_{S(1-2)}\%$ 较大；同样，降压结构的三绕组变压器中压绕组在中间（高压绕组在外层、低压绕组在里层），故 $U_{S(3-1)}\%$ 较大，排在中层的绕组，其等效电抗较小或具有不大的负值。

3）三绕组自耦变压器。三绕组自耦变压器的等效电路完全和三绕组变压器相同。只是因为自耦变压器第三绕组的额定容量 S_{3e} 总是小于变压器的额定容量 S_e，如果手册或制造厂提供的短路电压是未经折算的值，那么，在计算等效电抗时，先要对短路电压归算到额定容量，其公式为

$$
\begin{aligned}
U_{S(2-3)}\% &= U'_{S(2-3)}\% \frac{S_e}{S_{3e}} \\
U_{S(3-1)}\% &= U'_{S(3-1)}\% \frac{S_e}{S_{3e}}
\end{aligned} \tag{1-17}
$$

式中，U'_S 表示未归算值。然后按三绕组变压器的公式求出其等效电抗值，以及整定计算用基准容量、基准电压下的正序标幺值。

三绕组自耦变压器中性点的接地阻抗不反映在正序等效电路中。

4）牵引变压器。对于两相绕组 V/V 接线变压器，其短路阻抗（或短路电压）均以本身容量（单相容量）为基准的标幺值，根据式（1-13）可知，其一相阻抗值 X_T 可用下式计算

$$
X_T = \frac{U_S\%}{100} \times \frac{U_e^2}{S_e} \times 10^3 \tag{1-18}
$$

式中，S_e 为牵引变压器一相额定容量，kVA，U_e 为额定相间电压，kV，X_T 为电抗，Ω。

折算到整定计算用基准容量、基准电压下牵引变压器电抗 X_T 的正序标幺参数仍可沿用式（1-14）计算。

需要说明的是，在短路电压相同时，V/V 接线变压器的短路阻抗较大（单相容量较小），且其中有一相阻抗为零。

2. 负序等效电路和负序参数

变压器的负序等效电路和负序参数与其正序等效电路和正序参数完全相同。

3. 零序等效电路和零序参数

（1）零序等效电路结构。变压器的等效电路表征了一相一、二次绕组间的电磁关系，不论变压器通以哪一序的电流，都不会改变这一电磁关系。因此，变压器的零序等效电路与正序、负序等效电路具有相同的形状，如图 1-3 所示，图中不计绕组电阻和铁芯损耗。

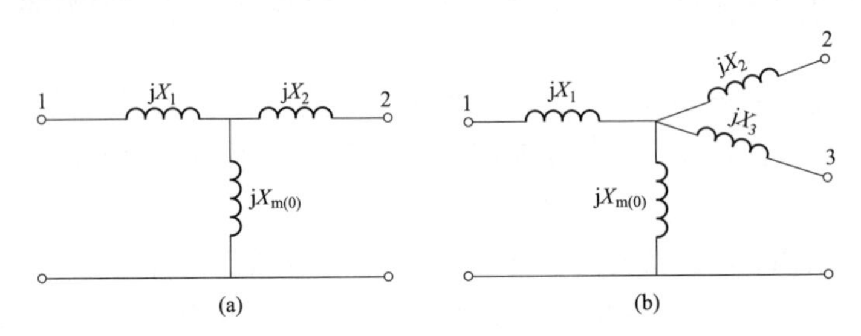

图 1-3 变压器的零序等效电路

（a）双绕组变压器；（b）三绕组变压器

变压器的漏抗，反映了一、二次绕组间磁耦合的紧密情况。漏磁通的路径与所通电流的序别无关。因此，变压器的零序等效漏抗与正序、负序的等效漏抗相等。

变压器的励磁电抗，取决于主磁通路径的磁导。因此，变压器的零序励磁电抗与变压器的铁芯结构密切相关。

（2）零序等效电路与外电路的连接。变压器的零序等效电路与外电路的连接，取决于零序电流的流通路径，因而与变压器三相绕组连接形式及中性点是否接地有关。不对称短路时，零序电压（或电动势）是施加在相线和大地之间的。据此，从三个方面分析变压器零序等效电路与外电路的连接情况。

1）当外电路向变压器某侧三相绕组施加零序电压时，如果能在该侧绕组产生零序电流，则等效电路中该侧绕组端点与外电路接通；如果不能产生零序电流，则从电路等效的观点，可认为变压器该侧绕组与外电路断开。据此原则，只有中性点接地的星形接法绕组才能与外电路接通。

2）当变压器绕组具有零序电动势（或另一侧绕组的零序电流感生的）时，如果它能将零序电动势施加到外电路上去并能提供零序电流的通路，则等效电路中该侧绕组端点与外电路接通，否则与外电路断开。据此，也只有中性点接地的星形接法绕组才能与外电路接通。至于能否在外电路产生零序电流，则应由外电路中的元件是否提供零序电流的通路而定。

3）在三角形接法的绕组中，绕组的零序电动势虽然不能作用到外电路去，但能在三相绕组中形成零序环流。此时，零序电动势将被零序环流在绕组漏抗上的电压降所平衡，绕组两端电压为零。这种情况，与变压器绕组短接是等效的。因此，在等效电路中该侧绕组端点接零序等效中性点（等效中性点与地同电位时则接地）。

根据以上三点，变压器零序等效电路与外电路的连接，可用图 1-4 的开关电路来表示。

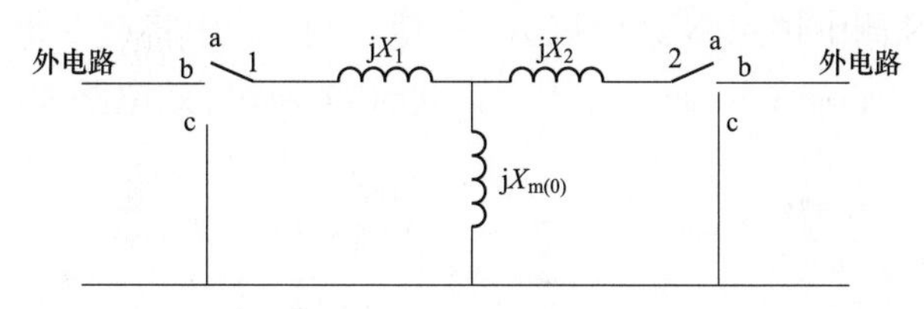

变压器绕组接法	开关位置	绕组端点与外电路的连接
Y	a	与外电路断开
YN	b	与外电路接通
d	c	与外电路断开，但与励磁支路并联

图 1-4　变压器零序等效电路与外电路的连接

需要说明的是，由于三角形接法的绕组漏抗与励磁支路并联，不管何种铁芯结构的变压器，一般励磁电抗总比漏抗大得多；因此，在短路计算中，当变压器有三角形接法绕组时，都可近似地取 $X_{m(0)} \approx \infty$。

（3）双绕组变压器的零序参数及其等效电路

1）YNd 接线组别变压器。按照图 1-4 所描述的变压器零序等效电路与外电路的连接原则，1 侧（一次侧）断路器在 b 位置，与外电路接通；2 侧（二次侧）断路器在 c 位置，与外电路断开，但与励磁支路并联。故 YNd 接线组别变压器的零序等效电路如图 1-5 所示。

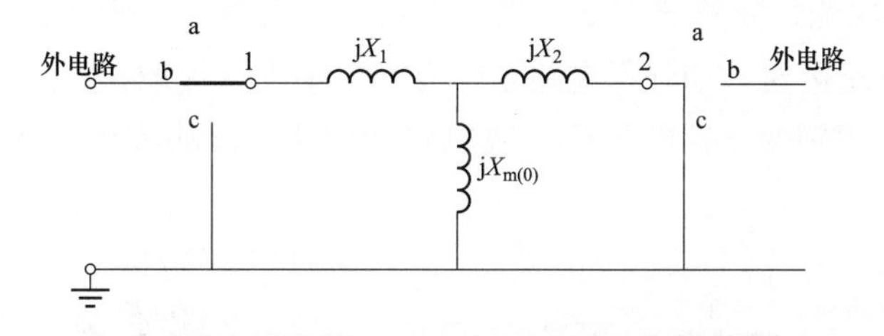

图 1-5　YNd 接线组别变压器的零序等效电路

图 1-5 表明，三角形绕组侧的零序电流仅在三角形绕组内流通，形成环流不流出三角形绕组，三角形绕组外的零序电流为零。因此，对零序等效电路来说，二次绕组短路、对外开路。

如果变压器由三个单相组成或是外铁型三相变压器、三相五柱式变压器，因 $X_{m(0)} \approx \infty$，则 YN 侧看到的变压器零序电抗为

$$X_{T(0)}=X_1+X_2=X_T \tag{1-19}$$

等于变压器的正序电抗。如果为三柱式内铁型三相变压器，则 YN 侧看到的变压器零序电抗为

$$X_{T(0)}=X_1+\frac{X_2X_{m(0)}}{X_2+X_{m(0)}} \tag{1-20}$$

一般比正序电抗 X_T 小 10%～30%，在计算零序故障电流和零序分支系数时，必须采用零序电抗的实测值。在一般短路故障计算中，当无实测值时可取 $X_{T(0)}=0.8X_T$。

如果变压器 YN 侧中性点 N 经电抗 X_n 接地，则 X_n 中将有 3 倍零序电流通过，此时中性点的电位 $U_N=j3I_0X_n$，而不等于零，此时的零序等效电路如图 1-6 所示。

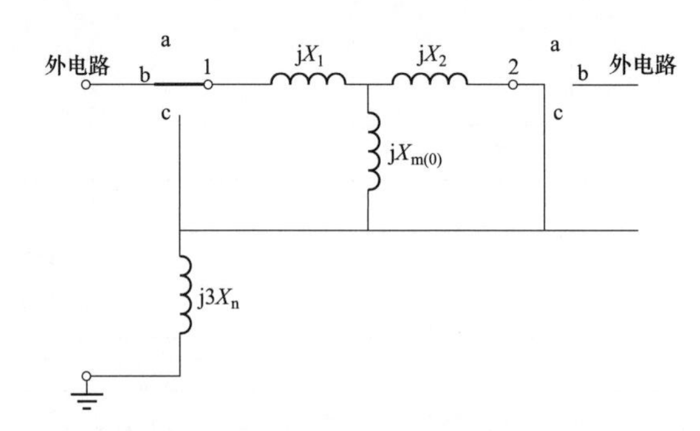

图 1-6　中性点经电抗接地的 YNd 接线组别变压器的零序等效电路

从 YN 侧看到的变压器零序电抗为

$$X_{T(0)}=X_1+\frac{X_2X_{m(0)}}{X_2+X_{m(0)}}+3X_n \tag{1-21}$$

同样，不同铁芯结构的三相变压器，$X_{m(0)}$ 有不同的数值。

折算到整定计算用基准容量、基准电压下变压器零序电抗 $X_{T(0)}$ 的标幺参数仍可沿用式（1-14）计算。

2）YNyn 接线组别变压器。按照图 2-4 所描述的变压器零序等效电路与外电路的连接原则，1 侧（一次侧）断路器在 b 位置，与外电路接通；2 侧（二次侧）断路器在 b 位置，同样与外电路接通，如外部电路至少有一个中性点接地，则在该侧有零序电流通过。故 YNyn 接线组别变压器的零序等效电路如图 1-7 所示，其中 $X_{W(0)}$ 表示外部电路的零序电抗值。

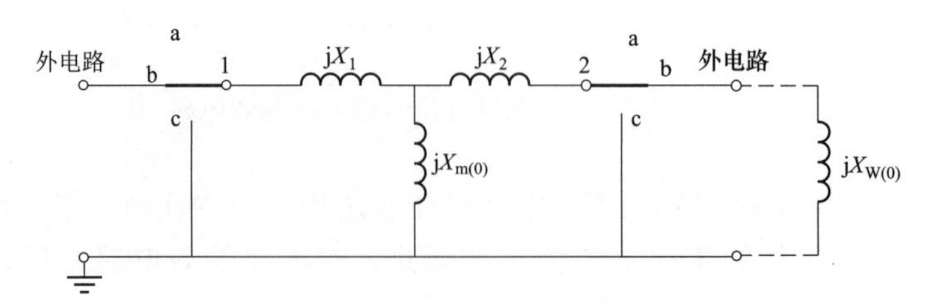

图 1-7　YNyn 接线组别变压器的零序等效电路

图 1-7 表明，零序等效电路伸到外部系统 W 中，从 YN 侧看到的变压器零序电抗为

$$X_{T(0)}=X_1+\frac{X_{m(0)}(X_2+X_{W(0)})}{X_2+X_{m(0)}+X_{W(0)}} \tag{1-22}$$

同样，不同铁芯结构的三相变压器，$X_{m(0)}$有不同的数值。

如果 YNyn 接线组别变压器的中性点经电抗接地，一次侧中性点经 X_{n1}、二次侧中性点经 X_{n2}接地，仿照图 1-6，作出零序等效电路如图 1-8 所示。

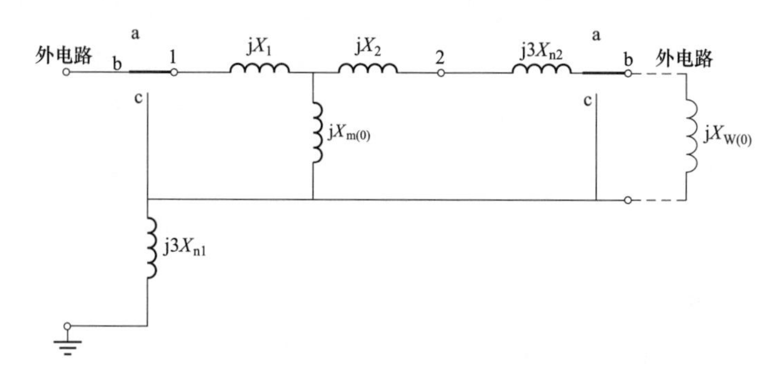

图 1-8　中性点经电抗接地的 YNyn 接线组别变压器的零序等效电路

折算到整定计算用基准容量、基准电压下变压器零序电抗 $X_{T(0)}$的标幺参数仍可沿用式（1-14）计算。

3）YNy 接线组别变压器。按照图 1-4 所描述的变压器零序等效电路与外电路的连接原则，1 侧（一次侧）断路器在 b 位置，与外电路接通；2 侧（二次侧）断路器在 a 位置，与外电路断开。此时，不管外部电路中性点是否接地，2 侧（即 y 侧）均不会有零序电流通过；所以，零序等效电路只要将图 1-7 中的 $X_{W(0)}$断开即可。此时 1 侧（即 YN 侧）看到的零序阻抗为 $X_{T(0)}=X_1+X_{m(0)}$。

（4）三绕组变压器的零序参数及其等效电路。

1）三个单相组成的三绕组变压器、外铁型三绕组变压器、三相五柱式三绕组变压器。该类型变压器的零序励磁阻抗 $X_{m(0)}$为无穷大。为使磁通有正弦波形，电动势有正弦波形，通常设有三角形绕组（一般为低压侧绕组），提供三次谐波励磁电流分量的通路。

因零序励磁阻抗 $X_{m(0)}$为无穷大，故三绕组变压器的零序等效电路基本与正序等效电路相同。不同之处是，电路的连接方式需视绕组的连接方式和中性点接地方式（见图 1-4）而定。图 1-9 给出了 YNynd 连接组别三绕组变压器的零序等效电路。对于中性点经电抗接地的三绕组变压器的零序等效电路，可在图 1-9 的基础上，参照图 1-8 绘制。

需要说明的是，三绕组变压器零序等效电路中的 X_1、X_2、X_3 与双绕组变压器零序等效电路中的 X_1、X_2 在性质上有所不同，它们是各绕组的自感抗和互感抗的组合电抗，即等效漏抗，而不是各绕组的实际漏抗，这些参数由式（1-15）和式（1-16）计算。

2）三相三柱式内铁型三绕组变压器。该类型变压器的零序励磁阻抗 $X_{m(0)}$应考虑在

零序等效电路中，此时变压器的外壳可看作是假想的一个三角形绕组，这样就相当于一个等效的四绕组变压器。当三绕组变压器为 YNynd 接线组别时，YN 侧与外电路接通，yn 侧同样与外电路接通，d 侧与外电路断开，但与励磁支路并联，再计及由励磁支路假想的三角形绕组，其零序等效电路最终可用图 1-10 表示。

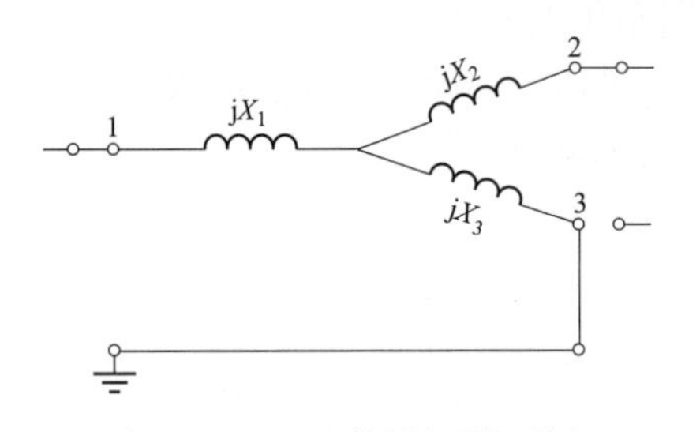

图 1-9　YNynd 接线组别三绕组变压器的零序等效电路

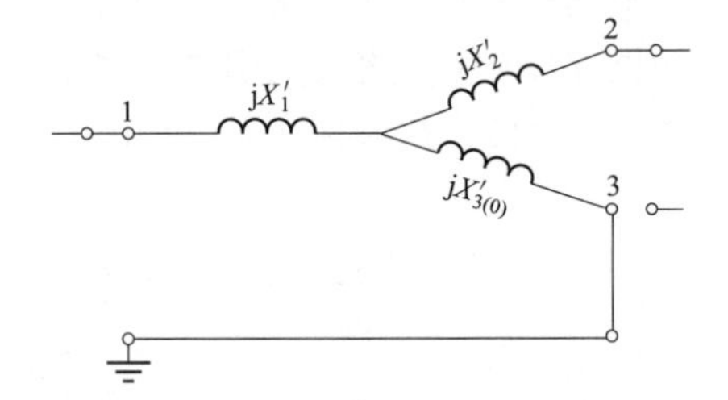

图 1-10　YNynd 接线组别三相三柱式内铁型三绕组变压器的零序等效电路

对于图 1-10 中的参数，应由试验确定。

（5）自耦变压器的零序参数及其等效电路。自耦变压器的一、二次绕组有较大部分是共用的，流过共用绕组部分的一、二次电流很大部分将在绕组中抵消，只有较小一部分电流通过共用绕组；所以，自耦变压器较同容量的普通变压器省材料、造价低。由于自耦变压器一、二次绕组上直接相连，一、二次之间的零序电流和过电压无法相互隔离，所以带来了零序保护配合和绝缘配合等问题。为防止一次（高压）侧发生单相接地时，引起二次（中压）侧过电压，通常将自耦变压器的中性点直接接地，也可经电抗接地。

一般情况下，自耦变压器除一、二次绕组外，还有一个绕组，称三次绕组，接成三角形，目的是降低三次谐波电压、向更低电压等级的电网供电以及连接无功补偿设备。

对于中性点直接接地的 YNad 接线组别的自耦变压器，零序等效电路与 YNynd 接线组别的三绕组变压器相同。其参数计算则采用式（1-15）和式（1-16）计算。

对于中性点经电抗接地的 YNad 接线组别的自耦变压器（此类现象较少出现），由于其零序等值电路中各电抗的参数计算需要进行转换，过程较为复杂，有兴趣的读者可参考文献［2］详细了解。

（6）牵引变压器的零序参数及其等效电路。由于 V/V 接线牵引变压器高压侧中性点不接地，高压侧无零序通路，故 V/V 接线牵引变压器不反映在零序网络中。

1.2.4　输电线路

输电线路的参数有四个：反映线路通过电流时产生有功功率损失效应的电阻；反映载流导线产生磁场效应的电感；反映线路带电时绝缘介质中产生泄漏电流及导线附近空气游离而产生有功功率损失的电导；反映带电导线周围电场效应的电容。输电线路的这些参数通常可认为沿全长均匀分布的，每单位长度的参数为电阻 R、电感 L、电导 G 及电容 C。

输电线路包括架空线和电缆。电缆由工厂按标准规格制造，一般根据厂家提供的数据或者通过实测求得其参数，书中以架空线为主进行叙述。

（1）正序等效电路和正序参数。电力系统三相输电线路的其中一相等效电路如图1-11所示。

设输电线路的单位正序阻抗为Z_1（Ω/km），则长度为L（km）的输电线路正序阻抗为

$$Z_{L1}=Z_1L \tag{1-23}$$

折算到整定计算用基准容量、基准电压下输电线路阻抗Z_{L1}的正序标幺参数仍可沿用式（1-14）计算。

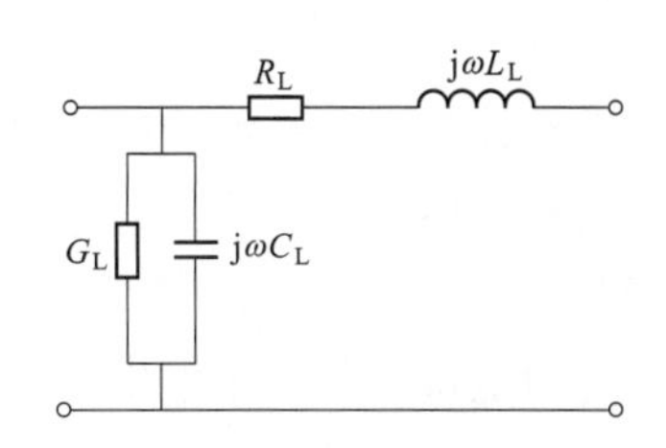

图1-11　输电线路的一相等效电路

一般在中低压电网（如220kV及以下电压等级）的继电保护整定计算过程中，由于线路长度较短（一般不超过100km），常常忽略输电线路分布电容的影响，也不计及反映线路带电时绝缘介质中产生泄漏电流及导线附近空气游离而产生有功功率损失的电导的影响。只有在超、特高压电网的短路故障分析才计及输电线路分布电容的影响。

在110kV及以上电压等级电网中，为提高电网输送电力能力，往往采用2分裂、甚至是多分裂导线结构（即三相输电线路的每一相均由2根或多根导线组成），由于采用分裂导线相当于扩大了导线的等效半径（即导线截面积），因而多分裂导线的单位长度正序阻抗Z_1有所减少，且随着分裂数目的增加而持续减少。

（2）负序等效电路和负序参数。输电线路的负序等效电路和负序参数与其正序等效电路和正序参数完全一致。

（3）零序等效电路和零序参数。当输电线路通过零序电流时，由于三相零序电流大小相等、相位相同；因此，必须借助大地及架空地线来构成零序电流的通路。这样，输电线路的零序阻抗与电流在地中的分布有关，精确计算是很困难的。

设输电线路的单位零序阻抗为Z_0（Ω/km），则长度为L（km）的输电线路零序阻抗为

$$Z_{L0}=Z_0L \tag{1-24}$$

折算到整定计算用基准容量、基准电压下输电线路阻抗Z_{L0}的零序标幺参数仍可沿用式（1-14）计算。

需要说明的是：输电线路的零序阻抗比正序阻抗大，其原因是一方面三相导线通以大小、方向均相同的零序电流时，必须经架空地线或大地形成环流，由于大地电阻的存在，使得每相等效电阻增大；另一方面，由于三相零序电流同相位，每一相零序电流产生的自感磁通与来自另外两相的零序电流产生的互感磁通是互相助增的，这就使一相的等效电感增大。

此外，对于平行架设的双回或多回输电线路的零序阻抗，考虑另一回线路的零序磁通助增效应，其零序阻抗比单回输电线路又有所增加。

由于输电线路一般配置有阶段式距离保护（或零序保护），尤其是反应线路出口附近故障的快速距离保护（或零序保护），与线路参数的准确性有密切关系；因此，66kV

以上电压等级输电线路的正序、零序参数按整定计算规程规定均要求采用实测参数；无实测参数或不具备参数实测条件时，才可采用理论参数进行计算，常见输电线路的理论参数见附件一。

1.2.5 电抗器

电抗器在电力系统中的作用是：限制短路电流和提高母线残余电压。由于电抗器三相间没有互感存在，且是静止元件；所以电抗器的正序阻抗、负序阻抗、零序阻抗三者是相等的。

普通电抗器是一个电抗元件，其电抗值为

$$X_{re}=X_L\%\times\frac{U_e}{\sqrt{3}I_e} \tag{1-25}$$

式中，$X_L\%$为由制造厂给出的电抗百分值；U_e、I_e 为电抗器的额定线电压（kV）、额定电流（kA）。

折算到整定计算用基准容量、基准电压下电抗器的各序阻抗 X_{re}标幺参数仍可沿用式（1-14）计算。

1.2.6 异步电动机

（1）正序等效电路和正序参数。异步电动机稳态正序等效电路如图 1-12 所示。其中，r_1、r_2' 为定子绕组、转子绕组折算到定子侧的电阻；$X_{1\sigma}$、$X_{2\sigma}'$为定子绕组、转子绕组折算到定子侧的漏抗；X_{ad}为定子绕组、转子绕组相互之间的互感抗；$\frac{1-s}{s}r_2'$ 为机械负载相应的转子绕组的电阻（折算值），s 为转差率，$s=\frac{n_0-n}{n_0}$，而n_0 与 n 分别为同步转速、异步电动机的实际转速。可以看出，异步电动机的输入正序阻抗与转差率 s 密切相关，即与机械负荷大小有关。

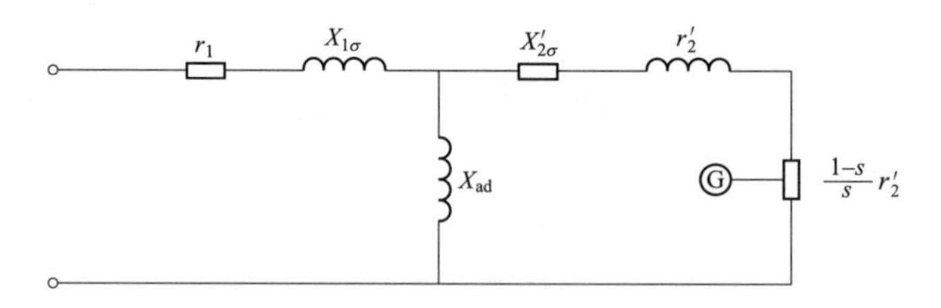

图 1-12 异步电动机稳态正序等效电路

电动机启动时，因 $s=1$，并且 X_{ad}远大于$|r_2'+jX_{2\sigma}'|$，所以启动阻抗 Z_{st}可表示为

$$Z_{st}=(r_1+r_2')+j(X_{1\sigma}+X_{2\sigma}') \tag{1-26}$$

相当于变压器的短路阻抗数值较小，故启动电流较大，通常可达 5～8 倍额定电流。

需要指出，电动机机端外部三相短路故障时，在 1～2 个周波时间内，因转子电流尚未衰减完，所以电动机变成临时电源向外提供短路电流（也称反馈电流），提供的三相短路电流可达 4.5 倍额定电流。外部短路故障切除，处于制动状态的电动机因电压突然恢复而自启动，自启动电流当然大于额定电流，但一般不会超过 5 倍额定电流。

（2）负序等值电路和负序参数。异步电动机机端存在负序电压时，电动机定子绕组通过相应负序电流建立负序磁场。因电动机转速为 n，所以负序转差率s_2

$$s_2=\frac{n_0+n}{n_0}=\frac{2n_0-(n_0-n)}{n_0}=2-s \tag{1-27}$$

若负序电流作用时转子绕组电阻、漏抗没有变化或变化不大，则将图 2-12 中的 s 变为s_2，即构成了异步电动机的负序等效电路，如图 1-13 所示。

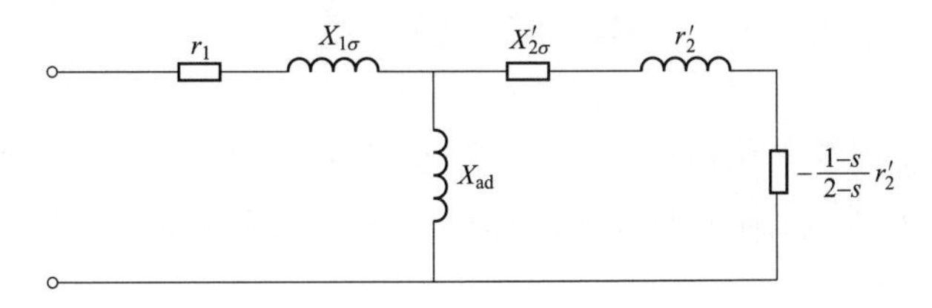

图 1-13　异步电动机的负序等效电路

经近似，异步电动机的负序阻抗 Z_{st2}可表示为

$$Z_{st2}=\left(r_1+\frac{1}{2}r'_2\right)+j(X_{1\sigma}+X'_{2\sigma}) \tag{1-28}$$

与式（1-26）比较，可近似认为

$$Z_{st2}\approx Z_{st} \tag{1-29}$$

说明，电动机的负序阻抗近似等于启动阻抗。

（3）零序等效电路和零序参数。因异步电动机的定子绕组一般接成三角形或不接地星形，零序电流无法通过，所以异步电动机的零序阻抗为无穷大。

1.2.7　综合负荷

（1）正序等效电路和正序参数。电力系统中的实际负荷由不同性质负荷组成，称为综合负荷。在短路的实际计算中，对于不同的计算任务对综合负荷的处理方式不同。

在计算起始次暂态电流时，综合负荷一般忽略不计。在应用计算曲线来确定任意指定时刻的短路周期电流时，由于曲线制作条件已计入负荷的影响；同样在等效网络中的负荷被略去。

在其他情形外的短路计算中，综合负荷的正序参数常用恒定阻抗表示，而

$$Z_{LD}=\frac{U_{LD}^2}{S_{LD}}(\cos\varphi+j\sin\varphi) \tag{1-30}$$

式中，S_{LD}和U_{LD}分别为综合负荷的视在功率和负荷节点的电压。假定短路前综合负荷处于额定运行状态且 $\cos\varphi=0.8$，则以额定值为基准的标幺阻抗

$$Z_{LD*}=0.8+j0.6 \tag{1-31}$$

为避免复数运算，又可用等效的纯电抗来代表综合负荷，其值为 j1.2。

与异步电动机相同，综合负荷供电电压等级三相短路时，要提供短路电流，但提供

的短路电流衰减更快。

（2）负序等效电路和负序参数。综合负荷的负序阻抗即是次暂态电抗，以异步电动机为主要成分的综合负荷的负序电抗可取为 j0.35，它是以综合负荷的视在功率和负荷接入点的平均额定电压为基准的标幺值。

（3）零序等效电路和零序参数。与异步电动机的零序等效电路一样，由于异步电动机及多数负荷常常接成三角形或不接地的星形，零序电流无法流通，所以综合负荷不需要建立零序等效电路。

本章小结

电力系统计算中习惯采用标幺制。一个物理量的标幺值是指该物理量的实际值与所选基准值的比值。采用标幺制，首先必须选择基准值。采用标幺制后，有利于简化分析计算和编程实现。

本章简要介绍了电力系统中各元件的参数模型，这些模型是进行短路故障分析的基础，也是继电保护整定计算的基础。

第2章　整定计算基本知识

2.1　整定计算的目的及任务

继电保护整定计算是继电保护专业一项非常重要的内容，正确、合理的进行整定计算才能使系统中的各种保护装置和谐的一起工作，发挥积极的作用。不同的部门其整定计算的目的也有所不同。电力生产的运行部门，如电力系统的各级调度部门，其整定计算的目的是对电力系统中已经配置安装好的各种继电保护设备，按照具体电力系统的参数和运行要求，通过计算分析给出所需的各项整定值。电力工程的设计部门，其整定计算的目的是按照所设计的电力系统进行计算分析，选择和论证继电保护的配置及选型的正确性，并最后确定其技术规范等，正确圆满地完成设计任务。

继电保护整定计算的基本任务，就是要对各种继电保护设备给出整定值；而对电力系统中的全部继电保护来说，则需编制出一个整定方案。整定方案通常可按电力系统的电压等级或设备来编制，且还可按继电保护的功能划分成小的方案分别进行。例如，一个220kV电网的继电保护整定方案，可分为距离保护方案、零序保护方案等，这些方案之间既有相对的独立性，又有一定的配合关系。

各种继电保护适应电力系统运行变化的能力是有限的，因而，继电保护整定方案也不是一成不变的。随着电力系统运行情况的变化（如基建、技改工程实施和运行方式变化），当其超出预定的适应范围时，就需要对全部或部分继电保护重新进行整定，以满足新的运行需要。对继电保护整定方案的评价，是以整体保护效果的优劣来衡量的，并不仅仅着眼于某一套继电保护设备的保护效果；有时以降低某一个保护设备或某一原理的保护效果来改善整体保护的保护效果，也是可取有时也是必需的。

2.2　整定计算的基本要求

继电保护整定计算应满足选择性、灵敏性、速动性、可靠性等四个基本要求（简称“四性”）。然而，在继电保护整定计算工作中，有时难以兼顾“四性”要求，甚至是不同要求之间相互矛盾等，如何协调好这“四性”的关系，既满足整定计算技术规程要求又满足电力系统运行要求是对整定计算人员智慧的考验。

（1）选择性。选择性是指首先由故障设备或线路本身的保护切除故障，当故障设备或线路本身的保护或断路器拒动时，才允许由相邻设备、线路的保护或断路器失灵保护切除故障。遵循选择性的目的是在电力系统中某一部分发生故障时，继电保护系统能有选择性地仅断开有故障的部分，使无故障的部分继续运行，从而提高供电可靠性。如果保护系统不满足选择性则使保护可能误动或拒动，使停电范围扩大。

整定计算中选择性的满足主要通过上、下级保护间进行协调，即通常所说的配合来实现的。上、下级保护的配合原则主要有以下两个方面：一是相邻的上、下级保护在时限上有配合，二是相邻的上下级保护在保护范围上有配合。所谓时限配合，是指上一级保护动作时限比下一级保护动作时限要大，二者之间的动作时间差称为时限差；满足了时限配合可确保在发生故障时，总是靠近故障点近的保护先动作，远端的保护后动作，保证了继电保护在动作顺序上的选择性。保护范围的配合也称为灵敏度配合或整定值配合，是指上一级保护的保护范围应比下一级相应段保护范围短（上一级保护范围不伸出下一级保护范围），在下一级保护范围末端故障时，下一级保护动作，而上一级保护不动作；满足了保护范围配合可确保在发生故障时，近故障点的保护灵敏度高，远故障点的保护灵敏度低，在保护范围上保证了选择性。

（2）灵敏性。灵敏性是指在设备或线路的被保护范围内发生故障时，保护装置具有的正确动作能力的裕度，它反映了保护对故障的反应能力，一般以灵敏系数来描述。

整定计算完成定值计算后应当计算保护在规定的保护范围内的灵敏系数，并应保证灵敏系数不低于规程规定的灵敏系数要求，这称为灵敏度检验。灵敏度检验主要应考虑两个方面：一是在何种运行方式下来检验，按照要求一般应采用可能出现的最不利运行方式进行校验；二是对何种故障类型进行检验，按照要求应当采用最不利的故障情形，通常采用金属性短路，有时还应考虑一定的过渡电阻。

（3）速动性。速动性是指保护装置应能尽快地切除短路故障，以提高系统稳定性，减轻故障设备和线路的损坏程度，缩小故障波及范围。继电保护在满足选择性的前提下，应尽可能地加快保护动作时间。

整定计算中，可通过合理的缩小动作时间级差来提高快速性。同时对于系统稳定及设备安全有重要影响及重要用户对动作时间有要求的保护应保证其速动性，必要时可牺牲选择性。

（4）可靠性。可靠性是指保护该动作时应动作，不该动作时不动作，即不误动、不拒动。整定计算中，主要通过制定简单、合理的保护方案来保证；在运行方式变化时，应注意定值的调整以确保保护系统可靠动作。

2.3 整定计算名词术语

在继电保护整定计算工作中，需经常使用到一些专业名词术语，为快速掌握这些名词术语的含义，更好地开展整定计算工作，列出了部分专业名词概念。

（1）配合。电力系统中的保护相互之间应进行配合。所谓配合是指在两维平面（横坐标保护范围，纵坐标动作时间）上，整定定值曲线（多折线）与配合定值曲线（多折线）不相交，期间的空隙是配合系数。根据配合的实际状况，通常可将之分为完全配合、不完全配合、完全不配合三类。

1）完全配合。指需要配合的两保护在保护范围和动作时间上均能配合，即满足选择性要求。

2）不完全配合。指需要配合的两保护在动作时间上能配合，但保护范围无法配合。

3）完全不配合。指需要配合的两保护在保护范围和动作时间上均不能配合，即无法满足选择性要求。

（2）重合闸整定时间。指从断路器主触点断开故障到断路器收到合闸脉冲的时间。因此，实际的线路断电时间应在基础上加上断路器固有合闸时间。

（3）灵敏系数（灵敏度）。指在被保护对象的某一指定点发生金属性短路，故障量与整定值之比（反映故障量上升的保护，如电流保护）或整定值与故障量之比（反映故障量下降的保护，如距离保护），一般用K_{lm}表示。

继电保护分为主保护和后备保护，其对应的保护范围上对应的灵敏系数称为主保护灵敏系数与后备保护灵敏系数。

（4）时间级差。根据保护装置性能指标，并考虑断路器动作时间和故障熄弧时间，能确保保护配合关系的最小时间差，一般用 Δt 表示。

（5）可靠系数。由于计算、测量、调试及继电器等各项误差的影响，使保护的整定值偏离预定数值，从而引起保护范围不配合，可能引起保护误动作。因此，在进行整定计算时应有一定裕度以取得选择性，通常引入一个可靠系数在定值计算时予以考虑，可靠系数一般用K_k 表示。

在整定计算规程中对可靠系数的选用有相关的规定，一般给出一个范围，根据整定计算条件的不同和保护类型、方式不同进行合理选择。

（6）返回系数。按正常运行条件量整定的保护，在受到故障量的作用动作时，当故障消失后保护不能返回到正常位置将发生误动作。因此，整定计算公式中引入返回系数，返回系数用k_{re}表示。

返回系数的定义为k_{re}＝返回量/动作量。于是可得，过量动作的继电器$k_{re}<1$，欠量动作的继电器$k_{re}>1$。

返回系数的选择与配置的保护类型有关，常规的电磁型继电器由于考虑要保持一定的接点压力，所以其返回系数较低，一般约为0.85；微机保护的返回系数则较高，一般考虑为0.95。

（7）分支系数。在多电源的电力系统整定计算中，相邻上、下两级保护间的整定配合，还受到中间分支电源的影响，相邻线路有助增电流及汲出电流（分支电流）的情况，将使上一级保护范围缩短或伸长，在整定计算公式中通常引入分支系数。分支系数一般用k_f 表示。

在整定计算中，对于电流保护及零序电流保护采用的是电流分支系数的概念，其定义是相邻线路短路时，流过本线路的短路电流与流过相邻线路短路电流之比，通常用k_f表示。有助增电流情况时$k_f<1$，有汲出电流时正好相反。对过流保护而言，在整定配合上应选取可能出现的最大分支系数。

如图 2-1 所示，在 C 点发生短路，则有如下关系

$$k_f = I_1 / I_k \quad (2\text{-}1)$$

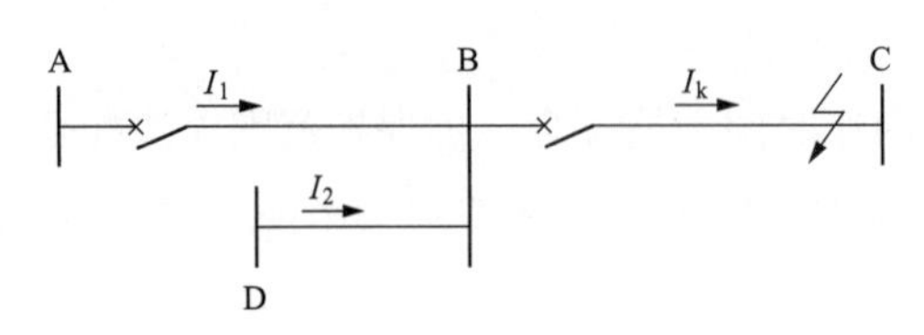

图 2-1　分支系数计算示意图

对于距离保护，采用的是助增系数的概念，它等于电流分支系数的倒数，一般用k_Z表示。助增系数将使距离保护测量到的阻抗增大，保护范围缩短。在整定配合上应选取可能出现的最小助增系数。

需要注意的是，理论上分支系数应为复数，实用上常取其绝对值。

（8）自启动系数。按负荷电流整定的保护，必须考虑电动机自启动状态的影响。单台电动机在满载全电压下启动，一般自启动系数k_{zqd}为 4～8，综合负荷为 1.5～2.5，纯动力负荷的自启动系数为 2～3。选择自启动系数应注意以下几点：①动力负荷比重大时，应选用较大的系数；②电气距离较远的动力负荷，应选用较小的系数；③切除故障时间较长或负荷断电时间较长时，应选用较大的系数。

2.4　整定计算流程

为保证继电保护装置定值满足电网运行要求，继电保护整定计算可细分为新设备投产时继电保护整定和继电保护装置定值校验两种类型。对于后者，一般是由于电网结构变化等原因引起系统综合阻抗变化，对发电厂侧的发电机-变压器组保护、下一级电网继电保护定值进行校核，以判断继电保护装置定值是否满足当前电网运行要求。

继电保护整定计算的一般步骤如下：

（1）明确任务，初步分析整定计算范围。电网基建、技改工程实施，需要开展继电保护整定计算，如新建变电站投运、流变变比调整等。

（2）收集、分析和整理与本次继电保护整定计算有关的全部基础参数。如继电保护配置、一次系统结构、保护用 TA 变比、线路长度及型号等。需要说明的是，部分参数可能只有理论参数而无实测参数，此时可先采用理论参数进行计算，待有实测参数后再校核。

（3）建立继电保护整定计算模型。不管是采用计算机软件进行整定计算还是手工开展整定计算，绘出继电保护整定计算模型都是必要的。

（4）按继电保护功能分类分别开展整定计算工作，拟定整定计算边界条件，如运行方式选择、短路类型选择、分支系数选择等，按照规程规定要求，逐一计算整定值。

（5）编写整定计算文稿。文稿一般包括本次整定计算概况、基础参数整理结果、定值整定范围、系统运行方式选择、继电保护定值配合关系、继电保护整定值、存在的问题及对策等内容。

（6）根据整定计算文稿和继电保护装置定值清单，整定继电保护定值单。

（7）将整定计算文稿、整定定值单等一并交由继电保护定值单复算人、审核人、批准人进行复算、审核及批准，并根据复算、审核、批准意见修改定值单。

（8）必要时，应采用实测参数校核已整定的定值单。

按照目前通用管理要求，继电保护整定计算流程如图 2-2 所示。

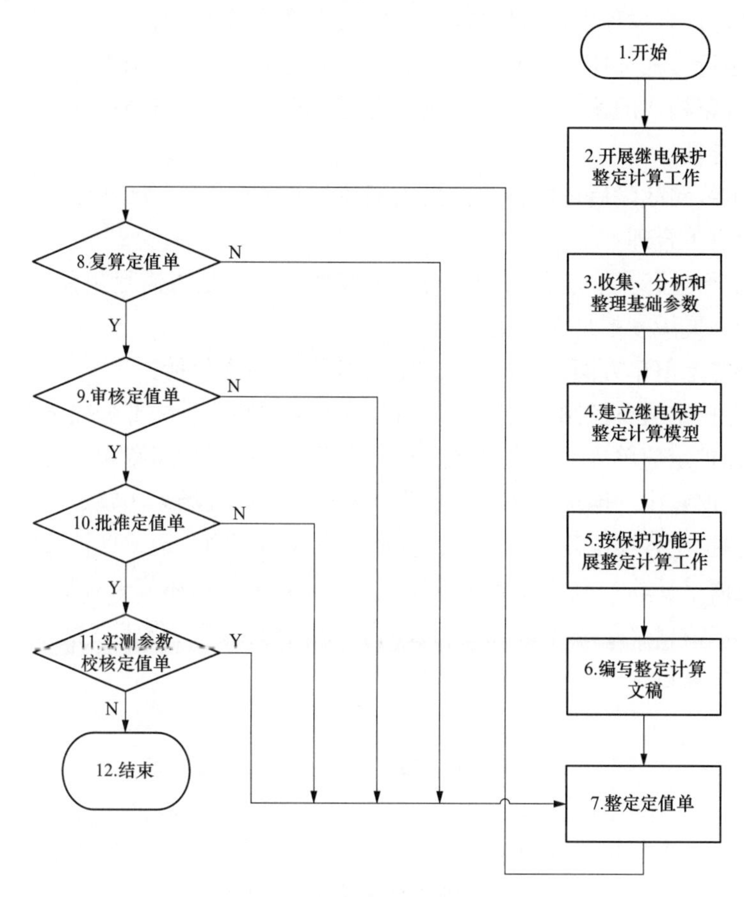

图 2-2　继电保护整定计算流程图

2.5　整定计算风险点

继电保护整定计算涉及电力系统运行方式选择、故障分析计算等专业内容，有时难以兼顾满足继电保护“四性”要求，因此，继电保护整定计算是一项技术含量高、过程复杂而又细致的工作，同时是对整定计算人员智慧的考量。

在继电保护整定计算过程中，可能存在“误整定”的因素归纳如下。

（1）在整定计算基础参数方面，比较容易疏忽且可造成“误整定”的因素包括：

1）继电保护用 TA 变比与现场流变实际变比不一致，导致继电保护装置定值折算错误；

2）输电线路长度或类型与现场实际设备不一致，导致距离保护、过流保护等计算结果错误；

3）继电保护配置与现场实际不一致，导致漏整定或多整定定值项；

4）继电保护装置软件版本与现场实际装置不一致，可能导致定值项无法整定或漏整定问题。

（2）在整定计算过程中，可能造成“误整定”的因素包括：

1）系统运行方式选择不当或考虑不全面，造成计算、校核结果不满足运行要求；

2）多段线路构成的输电线路最大负荷考虑不全面，造成躲最大负荷定值或距离Ⅲ段定值整定不合理；

3）对输电线路故障后可能传输的最大潮流计算不准确，造成躲最大负荷定值或距离Ⅲ段定值整定不合理；

4）对于需要进行灵敏度校核的场合，未校核灵敏度是否满足规程规定要求，可能造成继电保护因灵敏度不足而拒动。

（3）在整定定值单方面，可能造成“误整定”的因素包括：

1）继电保护定值单控制字投退不正确，造成保护装置丧失部分或全部功能；

2）继电保护定值单一、二次值之间折算错误，造成保护装置误动或拒动；

3）整定定值超出继电保护装置整定范围要求，造成现场无法整定；

4）母差保护中各项电流定值的二次值计算方式不正确，造成保护装置误动或拒动。

（4）在定值单复算、审核及批准环节，主要风险是复算环节未对基础参数分析、整定计算模型、定值单整定等全过程进行复算，审核及批准流程未严格履行或执行不规范，使得整定计算过程中存在的错误未及时得到纠正。

本章小结

本章介绍了继电保护整定计算的基本知识，包括整定计算的目的及任务、基本要求、与整定计算相关名词术语、整定计算流程及风险点等内容，是从事整定计算工作专业人员应掌握的最基本知识。

第3章　变压器保护

电力变压器是电力系统中十分重要的供电元件，它的故障将对供电可靠性和系统的正常运行带来严重的影响。同时大容量的电力变压器也是十分贵重的元件，应根据变压器的容量和重要程度考虑装设性能良好、工作可靠的微机型继电保护装置，确保继电保护整定计算的正确性，在故障发生后能快速可靠切除故障变压器而在无故障时可靠不误切除。

按照继电保护整定计算规程规定要求，变压器中低压侧后备保护分别与中低压侧线路间隔的线路保护之间存在相互配合或校核关系，尤其是时间定值的整定配合方面。按照目前电网一次系统典型结构，以串接两级供电线路为主；因此，在整定变压器保护和110kV及以下电压等级线路保护时，以串供两级线路方式为例进行介绍；如遇三级及以上线路串接方式，其时间整定定值按照时间配合级差参照执行。

3.1　220kV变压器

3.1.1　保护配置

按照“六统一”继电保护标准化设计规范，220kV变压器配置双重化的主、后备一体化电气量保护和一套非电量保护。智能变电站非电量保护功能由变压器本体智能终端实现。

220kV变压器主保护配置包含差动保护、差动速断保护，可配置不需整定的零序分量、负序分量或变化量等反应轻微故障的故障分量差动保护。

220kV变压器后备保护分低、中、高压侧后备保护及自耦变压器公共绕组后备保护，具体配置如下：

(1) 低压侧后备保护。低压侧后备保护分低压侧1分支后备保护和低压侧2分支后备保护。低压侧1分支和2分支后备保护配置均包括：①复压过电流保护，设置两段，Ⅰ段带方向，方向可投退，指向可整定，复压可投退，设3个时限。Ⅱ段不带方向，复压可投退，设3个时限；②零序过电压告警，设置一段1个时限，固定取自产零序电压，定值固定70V，延时10s，动作于信号；③低压侧1分支后备保护配置有过负荷保护，设置一段1个时限，采用低压1分支、2分支和电流，定值固定为本侧额定电流的1.1倍，延时10s，动作于信号。

（2）中压侧后备保护。中压侧后备保护配置包括：①复压过电流保护，设置三段，Ⅰ段、Ⅱ段带方向，方向可投退，指向可整定，复压可投退，设3个时限。Ⅲ段不带方向、复压可投退，设2个时限；②零序过电流保护，设置三段，Ⅰ段、Ⅱ段带方向，方向可投退，指向可整定，过电流元件可选择自产或外接，设3个时限。Ⅲ段不带方向，过电流元件可选择自产或外接，设2个时限；③间隙过电流保护，设置一段2个时限；④零序过电压保护，设置一段2个时限，零序电压可选自产或外接；⑤失灵联跳功能，设置一段1个时限。变压器中压侧断路器失灵保护动作后经变压器保护跳各侧断路器；⑥过负荷保护，设置一段1个时限，定值固定为本侧额定电流的1.1倍，延时10s，动作于信号。

（3）高压侧后备保护。高压侧后备保护配置包括：①复压过电流保护，设置三段，Ⅰ段、Ⅱ段带方向，方向可投退，指向可整定，复压可投退，设3个时限。Ⅲ段不带方向、复压可投退，设2个时限；②零序过电流保护，设置三段，Ⅰ段、Ⅱ段带方向，方向可投退，指向可整定，过电流元件可选择自产或外接，设3个时限。Ⅲ段不带方向，过电流元件可选择自产或外接，设2个时限；③间隙过电流保护，设置一段1个时限；④零序过电压保护，设置一段1个时限，零序电压可选自产或外接；⑤失灵联跳功能，设置一段1个时限。变压器高压侧断路器失灵保护动作后经变压器保护跳各侧断路器；⑥过负荷保护，设置一段1个时限，定值固定为本侧额定电流的1.1倍，延时10s，动作于信号。

（4）公共绕组后备保护。公共绕组后备保护配置包括：①零序过电流保护，设置一段1个时限；②过负荷保护，设置一段1个时限，定值固定为本侧额定电流的1.1倍，延时10s，动作于信号。

非电量保护一般配置有重瓦斯、轻瓦斯、压力释放、绕组温度高、油温高、启动风冷等保护。

3.1.2 整定计算原则

1. 差动保护

（1）差动启动电流定值。

整定原则：应大于变压器正常运行时差动不平衡电流，即

$$I_{cdqd}=k_k(k_{er}+\Delta u+\Delta m)I_e \tag{3-1}$$

式中，k_k 取1.3～1.5；k_{er}，10P型取0.03×2，5P型和TP型取0.01×2；Δu 取偏离额定值的最大值；Δm 初设时取0.05。按规程推荐取 $I_{cdqd}=(0.3\sim0.6)I_e$，主变压器投运后需实测最大负荷时差动回路的不平衡电流，实际工程推荐取 $I_{cdqd}=0.4I_e$。

（2）二次谐波制动系数。利用二次谐波制动防止励磁涌流误动，工程上一般取15%。

（3）比率差动制动系数。工程上一般固定取0.5。

（4）间断角。按鉴别涌流间断角原理构成的变压器差动保护，闭锁角一般取60°～70°，当采用涌流导数的最小间断角 θ_d 和最大波宽 θ_w，其闭锁条件为：$\theta_d\geqslant65°$，$\theta_w\leqslant$

140°。实际工程按厂家技术说明书推荐值整定即可。

（5）差动速断保护。

整定原则1：当变压器内部发生严重故障时，由于TA饱和引起差动保护延时动作，为快速切除故障装设差动速断保护，按躲过变压器初始励磁涌流及外部短路最大不平衡电流整定，一般取

$$I_{cdsd}=k_k I_e \tag{3-2}$$

变量说明：变压器容量越大，系统电抗越大，k_k 取值越小，推荐值如下：6300kVA及以下取7～12，6300～31500kVA取4.5～7.0，40 000～120 000kVA取3.0～6.0，120 000kVA及以上取2.0～5.0。一般情况下220kV变压器 k_k 值取4。

整定原则2：按正常运行方式下保护安装处两相短路有不小于规程规定的灵敏系数，k_{lm}取1.2。

$$I_{cdsd}\leqslant\frac{I_{dmin}^{(2)}}{k_{lm}} \tag{3-3}$$

（6）TA断线闭锁差动。当TA二次断线时，为避免差动误动作设定该定值。按躲过正常运行时差动保护二次不平衡电流并与差动保护最小动作电流相配合整定。

整定原则：按变压器额定电流的20%整定，k_k 取0.2。

$$I_{cdbs}=k_k I_e \tag{3-4}$$

2. 低压侧后备保护

因220kV主变压器低压侧一般为分列运行方式，故不考虑低压侧后备保护跳母联、分段开关。若主变压器低压侧正常为合环运行方式，需增加低压侧后备保护跳母联、分段开关逻辑，其时间应与跳本侧开关时间保持级差。

（1）复压过电流Ⅰ段保护。

1）复压过电流Ⅰ段保护经复压闭锁；一般不带方向，对于低压侧有小电源，且小电源对整定计算产生影响时，应带方向，方向指向低压侧母线。

整定原则：按最小运行方式下低压侧母线两相金属性短路有灵敏度整定，k_{lm}取1.5。

$$I_{dz}^{\mathrm{I}}\leqslant\frac{I_{dmin}^{(2)}}{k_{lm}} \tag{3-5}$$

2）复压定值。

① 低电压定值：按躲过正常运行时可能出现的最低电压整定，取

$$U_{dybs}=(0.5\sim0.8)U_e \tag{3-6}$$

工程一般取70V，并应校验灵敏度不小于2。

② 负序电压定值：按躲过正常运行时可能出现的不平衡电压整定，取

$$U_{fybs}=(0.06\sim0.08)U_e \tag{3-7}$$

工程一般取6V，并应校验灵敏度不小于2。

3）动作时间。低压侧过电流Ⅰ段设置2个时限，1时限 $t_{\mathrm{I}}^{1}=0.6\mathrm{s}$，2时限 $t_{\mathrm{I}}^{2}=0.9\mathrm{s}$。

4）动作跳闸逻辑。低压侧复压过电流Ⅰ段1时限跳本侧（低压侧）断路器、2时限跳各侧断路器。

（2）复压过电流Ⅱ段保护。

1）复压过电流Ⅱ段宜经复压闭锁，复压定值同复压过电流Ⅰ段保护不经方向闭锁。

整定原则：按躲过变压器低压侧最大负荷电流整定。

$$I_{\mathrm{dz}}^{\mathrm{II}} \geqslant \frac{k_{\mathrm{k}}}{k_{\mathrm{re}}} I_{\mathrm{fhmax}} \tag{3-8}$$

变量说明：k_{k} 取1.3，k_{re}取0.95，I_{fhmax}最大负荷取$1.1I_{\mathrm{e}}$。

2）动作时间。现行规程规定并未明确要求过电流Ⅱ段时间定值，为给下级保护整定（35kV线路、主变压器保护整定等）预留充足配合时间，作为第一级时间的变压器保护低压侧过电流Ⅱ段时间设置2.4s和2.7s两个时间。即：低压侧过电流Ⅱ段设置2个时限，1时限$t_{\mathrm{II}}^{1}=2.4\mathrm{s}$，2时限$t_{\mathrm{II}}^{2}=2.7\mathrm{s}$。

3）动作跳闸逻辑。低压侧复压过电流Ⅱ段1时限跳本侧（低压侧）断路器、2时限跳各侧断路器。

（3）零序过电压告警定值固定取自产零序电压，定值固定70V，延时10s动作于信号。

工程上零序过电压告警保护一般不使用。

（4）过负荷。

1）低压侧过负荷。

整定原则：按躲过变压器低压侧额定电流整定，k_{k} 取1.1。

$$I_{\mathrm{dz}} = k_{\mathrm{k}} I_{\mathrm{e}} \tag{3-9}$$

2）动作时间。低压侧过负荷时间$t=10\mathrm{s}$。

3）动作跳闸逻辑。低压侧过负荷动作于发过负荷信号。

3. 中压侧后备保护

按照“六统一”继电保护标准化设计规范，中压侧复压过电流保护、零序过电流保护一般配置有三段，根据220kV变压器运行实际需求，采用两段即可满足要求；故复压过电流保护Ⅲ段、零序过电流保护Ⅲ段均不使用，定值可整定为最不灵敏值（电流最大值、时间最大值）、退出独立控制字（若有）等。

因220kV主变压器中压侧一般为分列运行方式，故不考虑中压侧后备保护跳母联、分段断路器。若主变压器中压侧正常为合环运行方式，需增加中压侧后备保护跳母联、分段开关逻辑，其时间应与跳本侧断路器时间保持级差。

（1）零序过电流Ⅰ段保护

1）中压侧零序过电流Ⅰ段保护。零序过电流Ⅰ段保护采用自产零序电流，且不带方向。

整定原则：按最小运行方式下变压器中压侧母线接地故障有灵敏度整定，k_{lm}取1.5。

$$I_{0\mathrm{dz}}^{\mathrm{I}} \leqslant \frac{I_{0\mathrm{dmin}}^{(1)}}{k_{\mathrm{lm}}} \tag{3-10}$$

2）动作时间。中压侧零序过电流Ⅰ段时间 $t_{\mathrm{I}}=0.6\mathrm{s}$。

3）动作跳闸逻辑。中压侧零序过电流Ⅰ段跳中压侧总断路器。

（2）零序过电流Ⅱ段保护。

1）对于220kV三绕组变压器，中压侧零序过电流Ⅱ段保护采用外接零序（即中压侧中性点零序）；对于220kV自耦变压器则采用自产零序。中压侧零序过电流Ⅱ段保护不带方向。

整定原则：与变压器中压侧出线零序电流最末端300A配合，考虑1.1倍的配合系数。取330A。

2）动作时间。中压侧零序过电流Ⅱ段时间 $t_{\mathrm{II}}=3\mathrm{s}$。

3）动作跳闸逻辑。中压侧零序过电流Ⅱ段跳中压侧总断路器。

（3）中压侧间隙过电流保护、零序过电压保护。220kV三绕组变压器正常运行时中压侧中性点一般采用直接接地方式，中压侧间隙过电流保护、零序过电压保护停用。220kV三绕组变压器中压侧中性点如采用经间隙接地方式，需投入中性点间隙过电流保护，整定原则为：间隙零序过电流取100A（采用外接零序）、时间0.5s，间隙零序过电压取180V（开口三角绕组电压）或120V（自产零序电压）、动作时间0.5s，动作后跳变压器各侧断路器。

（4）复压过电流Ⅰ段保护。

1）复压过电流Ⅰ段保护经复压闭锁；一般不带方向，对于中压侧有小电源，且小电源对整定计算产生影响时，应带方向，方向则指向中压侧母线。

整定原则：按最小运行方式下中压侧母线两相金属性短路有规程规定的灵敏度整定，k_{lm}取1.5。

$$I_{\mathrm{dz}}^{\mathrm{I}} \leqslant \frac{I_{\mathrm{dmin}}^{(2)}}{k_{\mathrm{lm}}} \tag{3-11}$$

2）复压定值。

低电压定值：按躲过正常运行时可能出现的最低电压整定，取

$$U_{\mathrm{dybs}}=(0.5 \sim 0.8)U_{\mathrm{e}} \tag{3-12}$$

工程一般取70V，并应校验灵敏度不小于2。

负序电压定值：按躲过正常运行时可能出现的不平衡电压整定，取

$$U_{\mathrm{fybs}}=(0.06 \sim 0.08)U_{\mathrm{e}} \tag{3-13}$$

工程一般取6V，并应校验灵敏度不小于2。

3）动作时间。中压侧复压过电流Ⅰ段保护动作时间 $t_{\mathrm{I}}=0.6\mathrm{s}$。

4）动作跳闸逻辑。中压侧复压过电流Ⅰ段跳中压侧总断路器。

（5）复压过电流Ⅱ段保护。

1）复压过电流Ⅱ段保护宜经复压闭锁，复压定值同复压过电流Ⅰ段保护不经方向闭锁。

整定原则：按躲过变压器中压侧最大负荷电流整定。

$$I_{\mathrm{dz}}^{\mathrm{II}} \geqslant \frac{k_{\mathrm{k}}}{k_{\mathrm{re}}} I_{\mathrm{fhmax}} \tag{3-14}$$

变量说明：k_{k} 取 1.3，k_{re} 取 0.95，I_{fhmax} 最大负荷取 $1.1I_{e}$。

2）动作时间。中压侧过电流Ⅱ段时间 $t_{Ⅱ}=3.6s$。

3）动作跳闸逻辑。中压侧复压过电流Ⅱ段跳中压侧总断路器。

4. 高压侧后备保护

按照“六统一”继电保护标准化设计规范，高压侧复压过电流保护、零序过电流保护一般配置有三段，根据 220kV 变压器运行实际需求，采用 2 段即可满足要求；故复压过电流保护、零序过电流保护Ⅲ段均不使用，定值可整定为最不灵敏值（电流最大值、时间最大值）、退出独立控制字（若有）等。

220kV 主变压器一般为降压变压器，一般不考虑高压侧后备保护跳母联、分段断路器逻辑。若需增加高压侧后备保护跳母联、分段断路器逻辑，其时间应与跳本侧断路器时间保持级差。

（1）零序电流Ⅰ段保护。

1）零序电流Ⅰ段保护采用自产零序电流，方向指向变压器。

整定原则：按最小运行方式下变压器中压侧母线接地故障有规定灵敏度整定，k_{lm} 取 1.3。

$$I_{0dz}^{Ⅰ} \leqslant \frac{I_{0dmin}^{(1)}}{k_{lm}} \tag{3-15}$$

高压侧零序过电流Ⅰ段时间：$t_{Ⅰ}=0.9s$。

2）动作跳闸逻辑。高压侧零序过电流Ⅰ段跳各侧断路器。

（2）零序电流Ⅱ段保护。

1）高压侧零序过电流Ⅱ段保护。

① 对于 220kV 三绕组变压器，其高压侧中性点按照运行需要，分直接接地和经间隙接地两种情况。

当高压侧中性点直接接地时，则投入中性点零序电流保护，由于变压器高压侧保护配置中未包含该保护功能，故采用零序电流Ⅱ段保护作为中性点零序过电流保护；一般零序动作电流取 150A（采用外接零序）、时间取 6s，动作跳闸逻辑为动作后跳各侧开关；且不带方向。

当高压侧中性点不接地时，则投入中性点间隙过电流保护，其整定原则见间隙保护部分。

② 对于 220kV 自耦变压器，高压侧零序过电流Ⅱ段保护按照与中压侧零序电流Ⅱ段配合的原则整定。

整定原则：按与变压器中压侧零序电流Ⅱ段配合整定。

$$I_{0dz}^{Ⅱ} \geqslant k_{k}k_{f}I_{0dz}^{Ⅱ'} \tag{3-16}$$

变量说明：k_{k} 取 1.1，k_{f} 分支系数，$I_{0dz}^{Ⅱ'}$ 变压器 110kV 侧零序过电流Ⅱ段动作电流（折算至高压侧定值）。

为简化工程整定计算，零序过电流Ⅱ段保护一般可取值 150A，采用自产零序电流，且不带方向。

2）动作时间。高压侧零序电流Ⅱ段时间 $t_{\mathrm{II}}=6\mathrm{s}$。

3）动作跳闸逻辑。高压侧零序电流Ⅱ段跳各侧断路器。

（3）复压过电流Ⅰ段保护。

1）复压过电流Ⅰ段保护经复压闭锁；一般不带方向，对于中低压侧有小电源，且小电源对整定计算产生影响时，应带方向，且方向指向变压器。

整定原则：按最小运行方式下变压器中压侧母线两相金属性短路有灵敏度整定，k_{lm}取1.2。

$$I_{\mathrm{dz}}^{\mathrm{I}} \leqslant \frac{I_{\mathrm{dmin}}^{(2)}}{k_{\mathrm{lm}}} \tag{3-17}$$

2）复压定值。低电压定值：按躲过正常运行时可能出现的最低电压整定，取

$$U_{\mathrm{dybs}}=(0.5 \sim 0.8)U_{\mathrm{e}} \tag{3-18}$$

工程一般取70V，并应校验灵敏度不小于2。

负序电压定值：按躲过正常运行时可能出现的不平衡电压整定，取

$$U_{\mathrm{fybs}}=(0.06 \sim 0.08)U_{\mathrm{e}} \tag{3-19}$$

工程一般取6V，并应校验灵敏度不小于2。

3）动作时间。高压侧复压过电流Ⅰ段保护动作时间：$t_{\mathrm{I}}=0.9\mathrm{s}$。

4）动作跳闸逻辑。高压侧复压过电流Ⅰ段跳变压器各侧断路器。

（4）复压过电流Ⅱ段保护。

1）复压过电流Ⅱ段保护宜经复压闭锁，复压定值同复压过电流Ⅰ段保护不经方向闭锁。

整定原则1：按与变压器中压侧复压过电流Ⅱ段保护配合整定。

$$I_{\mathrm{dz}}^{\mathrm{II}}=k_{\mathrm{k}}k_{\mathrm{f}}I_{\mathrm{dz}}^{\mathrm{II}'} \tag{3-20}$$

变量说明：k_{k} 取1.1，k_{f} 分支系数，$I_{\mathrm{dz}}^{\mathrm{II}'}$ 中压侧复压过电流Ⅱ段保护定值（折算至高压侧定值）。

整定原则2：校验最小运行方式下变压器中压侧及低压侧两相金属性短路有灵敏度整定，k_{lm}宜不小于1.5。

$$k_{\mathrm{lm}}=\frac{I_{\mathrm{dmin}}^{(2)}}{I_{\mathrm{dz}}^{\mathrm{II}}} \tag{3-21}$$

2）动作时间。高压侧过电流Ⅱ段时间 $t_{\mathrm{II}}=4\mathrm{s}$。

3）动作跳闸逻辑。

高压侧复压过电流Ⅱ段跳各侧断路器。

（5）间隙保护。当220kV三绕组变压器经间隙接地时，需投入中性点间隙过电流保护，整定原则为：间隙零序过电流取100A（采用外接零序）、时间0.5s，间隙零序过电压取180V（开口三角绕组电压）或120V（自产零序电压）、动作时间0.5s，动作后跳变压器各侧断路器。

（6）失灵联跳功能。

1）高压侧失灵联跳功能。失灵联跳功能指变压器高压侧断路器失灵保护动作后经

变压器保护跳各侧断路器。

高压侧失灵联跳，按照“六统一”标准化设计规范，高压侧断路器失灵保护动作开入后，应经灵敏的、不需整定的电流元件并带 50ms 延时跳开变压器各侧断路器。

2）失灵启动。变压器电量保护动作应启动 220kV 侧断路器失灵保护，变压器非电量保护跳闸不启动断路器失灵保护。断路器失灵判别元件宜与变压器保护独立，宜采用变压器保护动作触点结合电流判据启动失灵。电流判据包括过电流判据，或零序电流判别，或负序电流判别。

整定原则 1：按最小运行方式下变压器中、低压侧母线两相金属性短路有规定的灵敏度整定。

$$I_{dz} \leqslant \frac{I_{dmin}^{(2)}}{1.5} \tag{3-22}$$

整定原则 2：按躲过变压器正常运行时的最大负荷电流整定，k_k 取 1.2。

$$I_{dz} \geqslant K_k I_e \tag{3-23}$$

整定原则 3：零序或负序电流判据躲过变压器正常运行时可能产生的最大不平衡电流整定。k_k 取 0.25。

$$I_{0dz} = k_k I_e \tag{3-24}$$

$$I_{2dz} = k_k I_e \tag{3-25}$$

3）动作时间。高压侧失灵联跳时间 $t=0.2$s。

（7）过负荷保护。

1）高压侧过负荷保护。

整定原则：按躲过变压器额定电流整定，k_k 取 1.1。

$$I_{dz} = k_k I_e \tag{3-26}$$

2）动作时间。

高压侧过负荷时间 $t=10$s。

3）动作跳闸逻辑。高压侧过负荷发过负荷信号。

（8）过负荷闭锁调压功能。

1）高压侧过负荷闭锁调压功能。

整定原则：按变压器额定电流的 95%整定，k_k 取 0.95。

$$I_{dz} = k_k I_e \tag{3-27}$$

2）动作时间。高压侧过负荷闭锁调压时间 $t=10$s。

3）动作跳闸逻辑。当负荷电流达到额定电流的 95%时闭锁有载调压。

（9）启动风冷。

1）高压侧启动风冷。

整定原则：按变压器额定电流的 70%整定，k_k 取 0.7。

$$I_{dz} = k_k I_e \tag{3-28}$$

2）动作时间。启动风冷时间 $t=10$s。

3）动作跳闸逻辑。启动变压器冷却器组。

5. 公共绕组后备保护

对于220kV自耦变压器，变压器保护还配置有公共绕组后备保护，包含零序过电流保护和过负荷保护。实际工程中零序过电流保护一般不使用。

（1）零序过电流保护。采用自产零序电流和外接零序电流“或门”判断，其定值取为公共绕组TA一次额定值，保护装置根据公共绕组零序TA变比自动折算。动作时间6s，动作于跳闸或告警。

（2）过负荷保护。定值固定为公共绕组额定电流的1.1倍，延时10s，动作于信号。

6. 非电量保护

（1）瓦斯保护。瓦斯保护分本体重瓦斯、本体轻瓦斯、有载重瓦斯、有载轻瓦斯等保护，重瓦斯保护动作跳主变压器各侧断路器，轻瓦斯保护动作则只发信。

（2）压力释放保护。压力释放保护可动作于信号或跳闸，可通过硬压板或软压板投跳闸或信号，工程中只投信号。

（3）油温高保护。当油温达85℃时发信号；当油温达105℃时跳闸，具体的告警温度、跳闸温度由制造厂提供，可通过硬压板或软压板投跳闸或信号，工程中只投信号。

（4）绕组油温高保护。当绕组油温达110℃时发信号；当油温达125℃时跳闸，具体的告警温度、跳闸温度由制造厂提供，可通过硬压板或软压板投跳闸或信号，工程中只投信号。

3.1.3　整定计算方式选择

（1）系统运行方式选择。

1）最大运行方式选择：以220kV系统最大运行方式为基础，地区小电厂发电机组全部投运，220kV变电站全接线运行，220kV变压器中低压侧分列运行。

2）最小运行方式选择：以220kV系统最小运行方式为基础，当220kV系统只有一路电源时，以系统最小运行方式为准；当220kV系统有两路或者三路电源（不存在同杆并架双回线）时，最小运行方式按$N-1$方式考虑；当220kV系统有三路（存在同杆并架双回线）或四路及以上电源时，最小运行方式按$N-2$方式考虑；220kV变压器中低压侧分列运行。

（2）变压器中性点接地方式选择。

1）当220kV变电站有且仅有1台变压器时，按高压侧和中压侧中性点直接接地考虑。

2）当220kV终端变电站有2台变压器时，如均为自耦变压器，则按高压侧、中压侧中性点直接接地考虑；除全部为自耦变压器外，对于高压侧，一般只允许有一个接地点；而中压侧由于分列运行，一般均按直接接地考虑。

3）当220kV变电站有3台及以上变压器时，如均为自耦变压器，则按高压侧、中压侧中性点直接接地考虑；除全部为自耦变压器外，对于高压侧，一般只允许有两个接地点（每段母线各一个接地点）；而中压侧由于分列运行，一般均按直接接地考虑。

3.2 110kV变压器

3.2.1 保护配置

按照“六统一”继电保护标准化设计规范，110kV变压器保护宜采用主保护、后备保护集成在同一装置内的双套配置方案，也可采用主保护、后备保护装置独立的单套配置方案；110kV变压器应配置独立的非电量保护；智能变电站非电量保护功能由变压器本体智能终端实现；110kV变压器中低压侧可配置独立的简易母差保护，可与变压器保护共组一面屏柜，其整定要求见母线保护章节中简易母线保护部分。

对于110kV变压器保护的功能配置，早期已投运变压器保护功能配置与“六统一”继电保护标准化设计规范中规定的保护功能配置差异较大，按非“六统一”和符合“六统一”标准化设计规范两种情况分别叙述，在介绍整定计算原则时考虑到前者往往包含后者，因此以非“六统一”变压器保护整定计算为例进行介绍。

1. 非“六统一”110kV变压器保护功能配置

110kV变压器主保护配置包含差动保护、低压侧过电流保护和差动速断保护。

110kV变压器后备保护分低、中、高压侧后备保护，具体配置如下。

(1) 低压侧后备保护。低压侧后备保护分低压侧1分支后备保护和低压侧2分支后备保护，配置包括：①复压过电流保护，保护为三段式，方向可投退，指向可整定，复压可投退，每段设3个时限；②零序过电压告警，设置一段1个时限，动作于信号；③低压侧1分支后备保护配置有过负荷保护，设置一段1个时限，采用低压1分支、2分支和电流，动作于信号。

(2) 中压侧后备保护。中压侧后备保护配置包括：①复压过电流保护，设置三段，方向可投退，指向可整定，复压可投退，每段设3个时限；②零序过电压告警，设置一段1个时限，动作于信号；③过负荷保护，设置一段1个时限，动作于信号。

(3) 高压侧后备保护。高压侧后备保护配置包括：①复压过电流保护，设置三段，方向可投退，指向可整定，复压可投退，每段设3个时限；②零序过电流保护，设置三段，方向可投退，指向可整定，过电流元件可选择自产或外接，每段设3个时限；③间隙过电流保护，设置一段1个时限；④零序过电压保护，设置一段1个时限；⑤过负荷保护，设置一段1个时限，动作于信号。

非电量保护一般配置有重瓦斯、轻瓦斯、压力释放、绕组温度高、油温高等保护。

2. “六统一”继电保护标准化设计规范中110kV变压器保护功能配置

110kV变压器主保护配置包含差动保护、低压侧过电流保护和差动速断保护。

110kV变压器后备保护分低、中、高压侧后备保护，具体配置如下。

(1) 低压侧后备保护。低压侧后备保护分低压侧1分支、低压侧2分支后备保护，配置包括：①复压过电流保护，设置三段，Ⅰ段、Ⅱ段带方向，方向可投退，指向可整定，复压可投退，设3个时限。Ⅲ段不带方向，复压可投退，设2个时限；②零序过电流保护，设置一段3个时限；③零序过压告警，设置一段1个时限，固定取自产零序电压，定值固定70V，延时10s，动作于信号；④低压侧1分支后备保护配置有过负荷保护，设置一段1个时限，采用低压1分支、2分支和电流，定值固定为本侧额定电流的1.1倍，延时10s，动作于信号。

（2）中压侧后备保护。中压侧后备保护配置包括：①复压过电流保护，设置三段，Ⅰ段、Ⅱ段带方向，方向可投退，指向可整定，复压可投退，设3个时限。Ⅲ段不带方向，复压可投退，设2个时限；②零序过电流保护，设置两段3个时限，过电流元件可选择自产或外接；③零序过压告警，设置一段1个时限，固定取自产零序电压，定值固定70V，延时10s，动作于信号；④过负荷保护，设置一段1个时限，定值固定为本侧额定电流的1.1倍，延时10s，动作于信号。

（3）高压侧后备保护。高压侧后备保护配置包括：①复压过电流保护，设置三段，Ⅰ段、Ⅱ段带方向，方向可投退，指向可整定，复压可投退，设3个时限。Ⅲ段不带方向，复压可投退，设2个时限；②零序过电流保护，设置三段，Ⅰ段、Ⅱ段带方向，方向可投退，指向可整定，过电流元件可选择自产或外接，设3个时限。Ⅲ段不带方向，过电流元件可选择自产或外接，设2个时限；③间隙过电流保护，设置一段2个时限；④零序过电压保护，设置一段2个时限，零序电压可选自产或外接；⑤失灵联跳功能，设置一段1个时限。变压器高压侧断路器失灵保护动作后经变压器保护跳各侧断路器；⑥过负荷保护，设置一段1个时限，定值固定为本侧额定电流的1.1倍，延时10s，动作于信号。

非电量保护一般配置有重瓦斯、轻瓦斯、压力释放、绕组温度高、油温高等保护。

3.2.2　整定计算原则

1. 差动保护

（1）差动启动电流定值。参照220kV主变压器差动保护内容整定，实际工程推荐取 $I_{cdqd}=0.4I_e$。

（2）二次谐波制动系数。参照220kV主变压器差动保护内容整定，工程上一般取15%。

（3）比率差动制动系数。参照220kV主变压器差动保护内容整定，工程上一般固定取0.5。

（4）间断角。参照220kV主变压器差动保护内容整定。

（5）差动速断保护。

1）整定原则1：参照220kV主变压器差动保护内容整定，一般情况下110kV变压器 k_k 值取5。

$$I_{cdsd}=k_k I_e \tag{3-29}$$

2）整定原则2：按正常运行方式下保护安装处两相短路有不小于规程规定的灵敏度，k_{lm}取1.2。

$$I_{cdsd}\leqslant\frac{I_{dmin}^{(2)}}{k_{lm}} \tag{3-30}$$

(6) TA断线闭锁差动。参照220kV主变压器TA断线闭锁差动内容整定。

(7) 低压侧过电流保护。工程中一般不使用，仅当低压侧母线无差动保护且高压侧过电流保护对低压侧母线不满足1.5倍灵敏度要求时，该保护方才投入；保护定值及时间按低压侧复压过电流Ⅰ段保护原则进行整定。

2. 低压侧后备保护

对于低压侧后备保护而言，一般采用两段式保护即可满足工程要求，时限也只应用2个时限，对于未采用的保护（如复压过电流Ⅲ段保护），其定值可整定为最不灵敏值（过电流定值最大、时间最长）。

因110kV主变压器低压侧一般为分列运行方式，故不考虑低压侧后备保护跳母联、分段断路器。若主变压器低压侧正常为合环运行方式，需增加低压侧后备保护跳母联、分段断路器逻辑，其时间应与跳本侧断路器时间保持级差。

(1) 复压过电流Ⅰ段保护。

1）复压过电流Ⅰ段保护经复压闭锁；一般不带方向，对于低压侧有小电源，且小电源对整定计算产生影响时，应带方向，方向则指向低压侧母线。

整定原则：按最小运行方式下低压侧母线两相金属性短路有灵敏度整定，k_{lm}取1.5。

$$I_{\mathrm{dz}}^{\mathrm{I}} \leqslant \frac{I_{\mathrm{dmin}}^{(2)}}{k_{\mathrm{lm}}} \tag{3-31}$$

2）复压定值。

① 低电压定值：按躲过正常运行时可能出现的最低电压整定，取

$$U_{\mathrm{dybs}} = (0.5 \sim 0.8)U_{\mathrm{e}} \tag{3-32}$$

工程一般取70V，并应校验灵敏度不小于2。

② 负序电压定值：按躲过正常运行时可能出现的不平衡电压整定，取

$$U_{\mathrm{fybs}} = (0.06 \sim 0.08)U_{\mathrm{e}} \tag{3-33}$$

工程一般取6V，并应校验灵敏度不小于2。

3）动作时间。对于在网运行110kV变压器保护而言，三绕组变压器的低压侧过电流Ⅰ段应用2个时限，即$t_{\mathrm{I}}^{1}=0.6\mathrm{s}$、$t_{\mathrm{I}}^{2}=0.9\mathrm{s}$；双绕组变压器的低压侧过电流Ⅰ段只应用1个时限，即$t_{\mathrm{I}}=0.6\mathrm{s}$；其余未应用的时限，可取最大值。

4）动作跳闸逻辑。对于三绕组变压器而言，低压侧复压过电流Ⅰ段1时限跳本侧（低压侧）断路器、2时限跳各侧开关；对于双绕组变压器而言，1时限跳本侧（低压侧）断路器。

(2) 复压过电流Ⅱ段保护。

1）过电流Ⅱ段经复压闭锁，复压定值同复压过电流Ⅰ段保护，方向则根据需要整定。

① 整定原则：按躲过变压器低压侧最大负荷电流整定。

$$I_{\mathrm{dz}}^{\mathrm{II}} \geqslant \frac{k_{\mathrm{k}}}{k_{\mathrm{re}}} I_{\mathrm{fhmax}} \tag{3-34}$$

② 变量说明：k_k 取 1.3，k_{re}取 0.95，I_{fhmax}最大负荷取 $1.1I_e$。

2）动作时间。三绕组变压器的低压侧复压过电流Ⅱ段应用 2 个时限，即 $t_{Ⅱ}^1=1.2s$、$t_{Ⅱ}^2=1.5s$；双绕组变压器的低压侧过电流Ⅱ段只应用 1 个时限，即 $t_{Ⅱ}=1.2s$；其余未应用的时限，可取最大值。

3）动作跳闸逻辑。对于 110kV 三绕组变压器，低压侧复压过电流Ⅱ段保护 1 个时限跳本侧（低压侧）断路器、2 个时限跳各侧断路器；对于 110kV 双绕组变压器，低压侧过电流Ⅱ段保护 1 个时限跳本侧（低压侧）断路器。

（3）复压过电流Ⅲ段保护停用，定值固定取最大值。

（4）零序过电压告警定值固定取自产零序电压，定值固定 70V，延时 10s 动作于信号。

工程上零序过电压告警保护一般不使用。

3. 中压侧后备保护

对于 110kV 变压器保护的中压侧后备保护，结合变压器保护运行需要和实际运行经验，复压过电流保护采用两段式、每段 1 个时限即可满足工程要求，其他未使用保护按最不灵敏整定即可。

因 110kV 主变压器中压侧一般为分列运行方式，故不考虑中压侧后备保护跳母联、分段断路器。若主变压器中压侧正常为合环运行方式，需增加中压侧后备保护跳母联、分段断路器逻辑，其时间应与跳本侧断路器时间保持级差。

（1）复压过电流Ⅰ段保护。

1）复压过电流Ⅰ段保护经复压闭锁；一般不带方向，对于中压侧有小电源，且小电源对整定计算产生影响时，应带方向，方向则指向中压侧母线。

整定原则：按最小运行方式下中压侧母线两相金属性短路有灵敏度整定，k_{lm} 取 1.5。

$$I_{dz}^{Ⅰ} \leqslant \frac{I_{dmin}^{(2)}}{k_{lm}} \tag{3-35}$$

2）复压定值。

① 低电压定值：按躲过正常运行时可能出现的最低电压整定，取

$$U_{dybs}=(0.5 \sim 0.8)U_e \tag{3-36}$$

工程一般取 70V，并应校验灵敏度不小于 2。

② 负序电压定值：按躲过正常运行时可能出现的不平衡电压整定，取

$$U_{fybs}=(0.06 \sim 0.08)U_e \tag{3-37}$$

工程一般取 6V，并应校验灵敏度不小于 2。

3）动作时间。中压侧复压过电流Ⅰ段保护动作时间：0.6s，其他未使用的时限（如有）固定取最大值。

4）动作跳闸逻辑。中压侧复压过电流Ⅰ段跳中压侧总断路器。

（2）复压过电流Ⅱ段保护。

1）复压过电流Ⅱ段保护宜经复压闭锁，复压定值同复压过电流Ⅰ段保护，不经方

向闭锁。

整定原则：动作电流按躲过变压器中压侧最大负荷电流整定。

$$I_{dz}^{\mathrm{II}} \geqslant \frac{k_k}{k_{re}} I_{fhmax} \tag{3-38}$$

变量说明：k_k 取 1.3，k_{re}取 0.95，I_{fhmax}最大负荷取 $1.1I_e$。

2）动作时间。中压侧复压过电流Ⅱ段保护动作时间：2.4s，其他未使用的时限（如有）固定取最大值。

3）动作跳闸逻辑。中压侧复压过电流Ⅱ段跳中压侧总断路器。

（3）复压过电流Ⅲ段保护停用，定值固定取最大值。

（4）零序过电压告警定值固定取自产零序电压，定值固定 70V，延时 10s 动作于信号。

工程上零序过电压告警保护一般不使用。

4. 高压侧后备保护

普通高压侧单电源供电的 110kV 变压器，正常运行时高压侧中性点不接地，不配置零序过电流保护。当 110kV 变压器中、低压侧带有小电源时，考虑到零序电流对系统影响，一般采取高压侧中性点经间隙接地方式，若高压侧中性点无法间隙接地，则采取直接接地方式。

与中压侧后备保护类似，高压侧复压闭锁过电流保护也采用两段式、每段 1 个时限，其他未使用保护按最不灵敏整定即可。

110kV 主变压器一般为降压变压器，一般不考虑高压侧后备保护跳母联、分段断路器逻辑。若需增加高压侧后备保护跳母联、分段断路器逻辑，其时间应与跳本侧断路器时间保持级差。

（1）复压过电流Ⅰ段保护。

1）复压过电流Ⅰ段保护经复压闭锁；一般不带方向，对于中低压侧有小电源，且小电源对整定计算产生影响时，应带方向，且方向指向变压器。

整定原则 1：按最小运行方式下变压器中压侧（三绕组变压器）或低压侧（双绕组变压器）母线两相金属性短路有灵敏度整定，k_{lm}取 1.2。

$$I_{dz}^{\mathrm{I}} \leqslant \frac{I_{dmin}^{(2)}}{k_{lm}} \tag{3-39}$$

整定原则 2：动作电流按与变压器中压侧（三绕组变压器）或低压侧（双绕组变压器）过电流Ⅰ段保护配合整定。

$$I_{dz}^{\mathrm{I}} = k_k k_f I_{dz}^{\mathrm{I}'} \tag{3-40}$$

变量说明：k_k 取 1.1，k_f 分支系数，$I_{dz}^{\mathrm{II}'}$ 中压侧（三绕组变压器）或低压侧（双绕组变压器）对应的动作电流（折算至高压侧定值）。

2）复压定值。

① 低电压定值：按躲过正常运行时可能出现的最低电压整定，取

$$U_{dybs} = (0.5 \sim 0.8)U_e \tag{3-41}$$

工程一般取 70V，并应校验灵敏度不小于 2。

② 负序电压定值：按躲过正常运行时可能出现的不平衡电压整定，取

$$U_{fybs}=(0.06\sim 0.08)U_{e} \tag{3-42}$$

工程一般取 6V，并应校验灵敏度不小于 2。

3）动作时间。高压侧复压过电流Ⅰ段保护动作时间：0.9s，其他未使用的时限（如有）固定取最大值。

4）动作跳闸逻辑。高压侧复压过电流Ⅰ段跳变压器各侧断路器。

（2）复压过电流Ⅱ段保护。

1）复压过电流Ⅱ段保护宜经复压闭锁，复压定值同复压过电流Ⅰ段保护，不经方向闭锁。

整定原则 1：按与变压器中低压侧复压过电流Ⅱ段保护配合整定。

$$I_{dz}^{Ⅱ}=k_{k}k_{f}I_{dz}^{Ⅱ'} \tag{3-43}$$

变量说明：k_k 取 1.1，k_f 分支系数，$I_{dz}^{Ⅱ'}$ 中低压侧复压过电流Ⅱ段保护定值（折算至高压侧定值）。

整定原则 2：校验最小运行方式下变压器中低压侧母线两相金属性短路有规程规定的灵敏度，k_{lm}应不小于 1.5。

$$k_{lm}=\frac{I_{dmin}^{(2)}}{I_{dz}^{Ⅱ}} \tag{3-44}$$

2）动作时间。高压侧复压过电流Ⅱ段保护动作时间：2.7s，其他未使用的时限（如有）固定取最大值。

由于规程规定中并未明确高压侧复压过电流Ⅱ段保护动作时间，为给下级线路保护、变压器保护整定配合留足充裕空间，推荐取 2.7s。

3）动作跳闸逻辑。高压侧复压过电流Ⅱ段跳变压器各侧断路器。

（3）复压过电流Ⅲ段保护停用，定值固定取最大值。

（4）零序过电压告警定值固定取自产零序电压，定值固定 70V，延时 10s 动作于信号。

工程上零序过电压告警保护一般不使用。

（5）间隙保护。当 110kV 三绕组变压器高压侧经间隙接地时，需投入中性点间隙过电流保护，整定原则为：间隙零序过电流取 100A（采用外接零序）、时间 0.5s，间隙零序过电压取 180V（开口三角绕组电压）或 120V（自产零序电压）、时间 0.5s，动作后跳变压器各侧断路器。

（6）解列保护。当本变电站及相邻下一级变电站变压器中性点都不接地时，间隙过电流一次动作电流一般取 100A，零序过电压二次值一般取 180V（开口三角绕组电压）或 120V（自产零序电压），间隙过电流和零序过电压采用或门逻辑。动作时间应与下一级小电源故障解列时间及供电线路对侧重合闸时间配合。动作后：解列带小电源线路。

（7）过负荷保护。110kV 变压器高、中、低压三侧容量相同，因此，只需整定高压侧过负荷保护，中、低压侧过负荷保护可不使用。按照“九统一”继电保护标准化设计

规范要求的 110kV 变压器各侧过负荷保护均固定投入，无需整定。

1）高压侧过负荷保护。

整定原则：按躲过变压器额定电流整定，k_k 取 1.1。

$$I_{dz}=k_k I_e \tag{3-45}$$

2）动作时间。高压侧过负荷动作时间：10s。

3）动作跳闸逻辑。高压侧过负荷动作发过负荷信号。

（8）启动风冷。参照 220kV 主变压器启动风冷内容整定。

（9）过载闭锁调压功能。参照 220kV 主变压器闭锁调压内容整定。

（10）低压侧简易母线保护。见母线保护部分内容。

5. 非电量保护

参照 220kV 主变压器非电量保护内容整定。

3.2.3 整定计算方式选择

（1）系统运行方式选择。以系统最大运行方式为最大运行方式，以系统最小运行方式为最小运行方式。

（2）变压器中性点接地方式选择。110kV 系统电源按开环运行方式考虑，对于变电站中低压侧不含并网小电源的情况，按变压器中性点不接地、中低压侧分列运行考虑；对于变电站中低压侧含有小电源并网时，按变压器中性点经放电间隙接地、变压器中低压侧分列运行考虑。

3.3 35kV 变压器

3.3.1 保护配置

35kV 变压器保护配置一般原则是：35kV 变压器保护一般采用主保护、后备保护集成在同一装置内的双套配置方案；也可采用主保护、后备保护装置独立的单套配置方案；35kV 变压器应配置独立的非电量保护；因种种原因，部分 35kV 变压器保护未配置主保护或虽配置有主保护功能但现场也不具备投入条件。

35kV 变压器主保护配置包含差动保护、差动速断保护。

35kV 变压器后备保护分低压侧、高压侧后备保护，具体配置如下。

（1）低压侧后备保护。35kV 变压器低压侧后备保护配置包括：①复压过电流保护，保护为三段式，方向可投退，指向可整定，复压可投退，每段 1 个时限；②零序过电压告警，设置一段 1 个时限，动作于信号；③过负荷保护，设置一段 1 个时限，动作于信号。

（2）高压侧后备保护。35kV 变压器高压侧后备保护配置包括：①复压过电流保护，保护为三段式，方向可投退，指向可整定，复压可投退，每段 1 个时限；②过负荷保护，动作于信号；③启动风冷，设一段 1 个时限；④闭锁调压（可选），设一段 1 个时限。

非电量保护一般配置有重瓦斯、轻瓦斯、压力释放、绕组温度高、油温高等保护。

3.3.2　整定计算原则

1. 差动保护

（1）差动启动电流定值。参照220kV主变压器差动保护内容整定，实际工程推荐取$I_{cdqd}=0.4I_e$。

（2）二次谐波制动系数。参照220kV主变压器差动保护内容整定，工程上一般取15%。

（3）比率差动制动系数。参照220kV主变压器差动保护内容整定，工程上一般固定取0.5。

（4）间断角。参照220kV主变压器差动保护内容整定。

（5）差动速断保护。

整定原则1：参照220kV主变压器差动保护内容整定，一般情况下35kV变压器k_k值取7。

$$I_{cdsd}=k_k I_e \tag{3-46}$$

整定原则2：按正常运行方式下保护安装处两相短路有灵敏度整定，k_{lm}取1.2。

$$I_{dz}^{\mathrm{I}} \leqslant \frac{I_{dmin}^{(2)}}{k_{lm}} \tag{3-47}$$

（6）TA断线闭锁差动。参照220kV主变压器TA断线闭锁差动内容整定，按变压器额定电流的20%整定，k_k取0.2。

$$I_{cdbs}=k_k I_e \tag{3-48}$$

2. 低压侧后备保护

（1）复压过电流Ⅰ段保护。

1）复压过电流Ⅰ段保护经复压闭锁；一般不带方向，对于低压侧有小电源，且小电源对整定计算产生影响时，应带方向，方向则指向低压侧母线。

整定原则：按最小运行方式下低压侧母线两相金属性短路有灵敏度整定，k_{lm}取1.5。

$$I_{dz}^{\mathrm{I}} \leqslant \frac{I_{dmin}^{(2)}}{k_{lm}} \tag{3-49}$$

2）复压定值。

① 低电压定值：按躲过正常运行时可能出现的最低电压整定，取

$$U_{dybs}=(0.5\sim0.8)U_e \tag{3-50}$$

工程一般取70V，并应校验灵敏度不小于2。

② 负序电压定值：按躲过正常运行时可能出现的不平衡电压整定，取

$$U_{fybs}=(0.06\sim0.08)U_e \tag{3-51}$$

工程一般取6V，并应校验灵敏度不小于2。

3）动作时间。低压侧复压过电流Ⅰ段保护动作时间：$t_{\mathrm{I}}=0.6\mathrm{s}$。

4）动作跳闸逻辑。低压侧复压过电流Ⅰ段跳本侧（低压侧）总断路器。

（2）复压闭锁过电流Ⅱ段保护。

1）复压过电流Ⅱ段保护宜经复压闭锁，复压定值同复压过电流Ⅰ段保护，不经方向闭锁。

整定原则：按躲过变压器低压侧最大负荷电流整定。

$$I_{dz}^{II} \geqslant \frac{k_k}{k_{re}} I_{fhmax} \tag{3-52}$$

变量说明：k_k 取 1.3，k_{re}取 0.95，I_{fhmax}最大负荷取 $1.1I_e$。

2）动作时间。低压侧复压过电流Ⅱ段保护动作时间：$t_{II}=1.2s$。

3）动作跳闸逻辑。低压侧复压过电流Ⅱ段跳变压器本侧（低压侧）总断路器。

（3）零序过电压告警。零序过电压告警定值固定取自产零序电压，定值固定 70V，延时 10s 动作于信号。

工程上零序过电压告警保护一般不使用。

3. 高压侧后备保护（无差动保护）

由于 35kV 变压器保护有时配置主保护，有时未配置主保护，针对不同情况，对 35kV 变压器高压侧后备保护作不同处理。本节着重介绍 35kV 变压器保护未配置差动保护时高压侧后备保护的整定计算原则。

（1）复压过电流Ⅰ段保护。

1）复压过电流Ⅰ段保护不经复压闭锁，一般不带方向，对于低压侧有小电源，且小电源对整定计算产生影响，应带方向，方向指向变压器。

整定原则 1：按不伸出变压器低压侧整定，k_k 取 1.3。

$$I_{dz}^{I} \geqslant k_k I_{dmax}^{(3)} \tag{3-53}$$

整定原则 2：按躲变压器励磁涌流整定，k_k 取 7。

$$I_{dz}^{I} \geqslant k_k I_e \tag{3-54}$$

整定原则 3：校验正常运行方式下变压器高压侧母线两相金属性短路有灵敏度整定，k_{lm}不小于 1.2。

$$k_{lm} = \frac{I_{dmin}^{(2)}}{I_{dz}^{I}} \tag{3-55}$$

原则说明：由于 35kV 变压器保护未配置差动保护，为保证变压器故障时能可靠动作，将高压侧复压过电流Ⅰ段保护动作时间整定为 0s，且不经复压闭锁，作主保护使用。然而，为满足保护配合的选择性，防止 10kV 侧线路出口附近故障导致变压器高压侧复压过电流Ⅰ段保护动作误跳开变压器，高压侧复压过电流Ⅰ段保护按不伸出低压侧整定；按此原则，必然会出现变压器内部的部分范围、低压侧引线处等位置发生故障无快速保护情况；针对该现象，解决思路是，变压器内部故障，可依靠非电量保护作为速动保护快速切除变压器，对于变压器低压侧引线处故障，依靠高压侧复压过电流Ⅱ段保护动作切除变压器。

2）动作时间。高压侧复压过电流Ⅰ段保护动作时间：$t_I=0s$。

3）动作跳闸逻辑。高压侧复压过电流Ⅰ段跳各侧（高、低压侧）断路器。

（2）复压过电流Ⅱ段保护。

1）复压过电流Ⅱ段保护宜经复压闭锁，一般不带方向，对于低压侧有小电源，且小电源对整定计算产生影响，应带方向，方向指向变压器。

整定原则：按最小运行方式下低压侧母线两相金属性短路有灵敏度整定，k_{lm}取1.2。

$$I_{dz}^{Ⅱ} \leqslant \frac{I_{dmin}^{(2)}}{K_{lm}} \tag{3-56}$$

原则分析：对于无差动保护功能的35kV变压器保护，由于复压过电流Ⅰ段保护用以作为主保护使用且未保护全部变压器，故复压过电流Ⅱ段保护作为后备保护须保护变压器全部范围，且动作时间不考虑与上、下级配合关系。

2）复压定值。

低电压定值：按躲过正常运行时可能出现的最低电压整定，取

$$U_{dybs} = (0.5 \sim 0.8)U_e \tag{3-57}$$

工程一般取70V，并应校验灵敏度不小于2。

负序电压定值：按躲过正常运行时可能出现的不平衡电压整定，取

$$U_{fybs} = (0.06 \sim 0.08)U_e \tag{3-58}$$

工程一般取6V，并应校验灵敏度不小于2。

3）动作时间。高压侧复压过电流Ⅱ段保护动作时间：$t_{Ⅱ}=0.9s$。

4）动作跳闸逻辑。高压侧复压过电流Ⅱ段跳各侧（高、低压侧）断路器。

（3）复压过电流Ⅲ段保护。

1）复压过电流Ⅲ段保护宜经复压闭锁，复压定值同复压过电流Ⅰ段保护，不经方向闭锁。

整定原则1：按与电源侧线路过电流Ⅲ段保护配合整定。

$$I_{dz}^{Ⅲ} \leqslant \frac{I_{dz}^{Ⅲ'}}{k_{ph}} \tag{3-59}$$

变量说明：k_{ph}取1.1，$I_{dz}^{Ⅲ'}$35kV电源侧线路过电流Ⅲ段保护定值。

整定原则2：按躲最大负荷电流整定。

$$I_{dz}^{Ⅲ} \geqslant \frac{k_k}{k_{re}} I_{fhmax} \tag{3-60}$$

变量说明：k_k取1.3，k_{re}取0.95，I_{fhmax}最大负荷取$1.1I_e$。

2）动作时间。高压侧复压过电流Ⅲ段保护动作时间：$t_{Ⅲ}=1.5s$。

3）动作跳闸逻辑。高压侧复压过电流Ⅲ段跳各侧（高、低压侧）断路器。

（4）过负荷保护。

高压侧过负荷保护。参照220kV主变压器过负荷保护内容整定。

（5）启动风冷。参照220kV主变压器启动风冷内容整定。

（6）过载闭锁调压功能。参照 220kV 主变压器闭锁调压内容整定。

4. 高压侧后备保护（有差动保护）

（1）复压过电流Ⅰ段保护。

1）复压过电流Ⅰ段保护经复压闭锁，一般不带方向，对于低压侧有小电源，且小电源对整定计算产生影响，应带方向，方向指向变压器。

整定原则：按最小运行方式下低压侧母线两相金属性短路有灵敏度整定，k_{lm} 取 1.2。

$$I_{\mathrm{dz}}^{\mathrm{I}} \leqslant \frac{I_{\mathrm{dmin}}^{(2)}}{k_{\mathrm{lm}}} \tag{3-61}$$

2）复压定值。

① 低电压定值：按躲过正常运行时可能出现的最低电压整定，取

$$U_{\mathrm{dybs}} = (0.5 \sim 0.8)U_{\mathrm{e}} \tag{3-62}$$

工程一般取 70V，并应校验灵敏度不小于 2。

② 负序电压定值：按躲过正常运行时可能出现的不平衡电压整定，取

$$U_{\mathrm{fybs}} = (0.06 \sim 0.08)U_{\mathrm{e}} \tag{3-63}$$

工程一般取 6V，并应校验灵敏度不小于 2。

3）动作时间。高压侧复压过电流Ⅰ段保护动作时间：$t_{\mathrm{I}}=0.9\mathrm{s}$。

4）动作跳闸逻辑。高压侧复压过电流Ⅰ段跳各侧（高、低压侧）断路器。

（2）复压过电流Ⅱ段保护。

1）复压过电流Ⅱ段保护宜经复压闭锁，复压定值同复压过电流Ⅰ段保护，方向根据需要整定。

整定原则 1：按与电源侧线路过电流Ⅲ段保护配合整定。

$$I_{\mathrm{dz}}^{\mathrm{II}} \leqslant \frac{I_{\mathrm{dz}}^{\mathrm{III}\prime}}{k_{\mathrm{ph}}} \tag{3-64}$$

变量说明：k_{ph} 取 1.1，$I_{\mathrm{dz}}^{\mathrm{III}\prime}$ 35kV 电源侧线路过电流Ⅲ段保护定值。

整定原则 2：按躲过变压器最大负荷电流整定。

$$I_{\mathrm{dz}}^{\mathrm{II}} \geqslant \frac{k_{\mathrm{k}}}{k_{\mathrm{re}}} I_{\mathrm{fhmax}} \tag{3-65}$$

变量说明：k_{k} 取 1.3，k_{re} 取 0.95，I_{fhmax} 最大负荷取 $1.1I_{\mathrm{e}}$。

2）动作时间。高压侧复压过电流Ⅱ段保护动作时间：$t_{\mathrm{II}}=1.5\mathrm{s}$。

3）动作跳闸逻辑。高压侧复压过电流Ⅱ段跳各侧（高、低压侧）断路器。

（3）过负荷保护。参照 220kV 主变压器过负荷保护内容整定。

（4）启动风冷。参照 220kV 主变压器启动风冷内容整定。

（5）过载闭锁调压功能。参照 220kV 主变压器闭锁调压内容整定。

5. 非电量保护

参照 220kV 主变压器非电量保护内容整定。

3.3.3　整定计算方式选择

1. 系统运行方式选择

以系统最大运行方式为最大运行方式，以系统最小运行方式为最小运行方式。

2. 变压器中性点接地方式选择

35kV系统电源按开环运行方式考虑，按变压器中性点不接地、低压侧分列运行考虑。

3.4　站用（接地）变压器

3.4.1　保护配置

按照“六统一”继电保护标准化设计规范，站用（接地）变压器保护配置包括：①电流速断保护，设置一段1个时限。②过电流保护，设置二段，每段1个时限。③高压侧零序过电流保护，设置二段，Ⅰ段3个时限，Ⅱ段1个时限。④低压侧零序过电流保护，设置一段3个时限，动作于跳闸或信号。⑤过负荷保护，设置一段1个时限，动作于信号。⑥非电量保护，设置重瓦斯保护，动作于跳闸或信号。

根据实际需求，过电流保护Ⅱ段保护、高压侧零序过电流保护、低压侧零序过电流保护均不使用，定值可整定为最不灵敏值（电流最大值、时间最大值）、退出独立控制字（若有）等。一般情况下，新建室内站用（接地）变因防火要求均采用干式变压器，未配置瓦斯保护，故其功能应退出；对于室外安装了瓦斯保护的油浸式变压器该功能应投入。

3.4.2　整定计算原则

（1）电流速断保护。

1）电流速断保护。

整定原则1：躲站用（接地）变压器低压侧短路电流，k_{k} 取1.3。

$$I_{\mathrm{dz}}^{\mathrm{I}} \geqslant k_{\mathrm{k}} I_{\mathrm{dmax}}^{(3)} \tag{3-66}$$

整定原则2：对站用（接地）变压器高压侧小方式下两相短路有灵敏度整定，k_{lm} 取2。

$$I_{\mathrm{dz}}^{\mathrm{I}} \leqslant \frac{I_{\mathrm{dmin}}^{(2)}}{k_{\mathrm{lm}}} \tag{3-67}$$

整定原则3：躲站用（接地）变压器励磁涌流

$$I_{\mathrm{dz}}^{\mathrm{I}} \geqslant 12 I_{\mathrm{e}} \tag{3-68}$$

由于站用（接地）变压器的整定原则规程并未明确，其原则是参考低电阻接地系统的接地变压器整定原则以及实际工作经验加以总结。因站用（接地）变压器速断定值较小，在实际工作中可不校验与供电主变压器保护定值的配合关系。在工程实际中按整定原则 1 选取的定值正常均满足整定原则 2、3，整定原则 2、3 仅作校核使用。

2）动作时间。电流速断保护动作时间：$t_{\mathrm{I}}=0.01\mathrm{s}$。

3）动作跳闸逻辑。电流速断跳站用（接地）变压器高、低压侧断路器。

（2）过电流Ⅰ段保护。

1）过电流Ⅰ段保护。

整定原则 1：躲站用（接地）变压器最大负荷电流

$$I_{\mathrm{dz}}^{\mathrm{II}} \geqslant 4I_{\mathrm{e}} \tag{3-69}$$

整定原则 2：对站用（接地）变压器低压侧小方式下两相短路有灵敏度，k_{lm}取 2。

$$I_{\mathrm{dz}}^{\mathrm{II}} \leqslant \frac{I_{\mathrm{dmin}}^{(2)}}{k_{\mathrm{lm}}} \tag{3-70}$$

在工程实际中按整定原则 1 选取的定值正常均满足整定原则 2，整定原则 2 仅作校核使用。

2）动作时间。过电流Ⅰ段保护动作时间：$t_{\mathrm{II}}=0.5\mathrm{s}$。

3）动作跳闸逻辑。过电流Ⅰ段跳站用（接地）变压器高、低压侧断路器。

（3）过负荷保护。

1）过负荷保护。整定原则：按躲过站用（接地）变压器额定电流整定。k_{k} 取 1.1。

$$I_{\mathrm{dz}}=k_{\mathrm{k}}I_{\mathrm{e}} \tag{3-71}$$

由于部分站用（接地）变压器保护 TA 变比过大，导致过负荷保护二次值过小，不满足保护 TA 二次误差要求，此种情况下可将过负荷保护退出。

2）动作时间。过负荷保护动作时间：$t=10\mathrm{s}$。

3）动作跳闸逻辑。过负荷保护发信号。

（4）重瓦斯保护（若有）。重瓦斯保护动作跳站用（接地）变压器高、低压侧断路器。

3.4.3 整定计算方式选择

（1）系统运行方式选择。以系统最大运行方式为最大运行方式，以系统最小运行方式为最小运行方式。

（2）变压器中性点接地方式选择无需考虑不同方式。

3.5 20kV 接地变压器

3.5.1 保护配置

按照“六统一”继电保护标准化设计规范，20kV 接地变压器保护配置包括：①电流速断保护，设置一段 1 个时限。②过电流保护，设置二段，每段 1 个时限。③高压侧零序过电流保护，设置二段，Ⅰ段 3 个时限，Ⅱ段 1 个时限。④低压侧零序过电流保护，设置一段 3 个时限，动作于跳闸或信号。⑤过负荷保护，设置一段 1 个时限，动作于信号。⑥非电量保护，设置重瓦斯保护，动作于跳闸或信号。

根据实际需求，20kV 接地变压器中，过电流保护Ⅱ段保护、高压侧零序过电流Ⅰ段保护、低压侧零序过电流保护均不使用，定值可整定为最不灵敏值（电流最大值、时间最大值）、退出独立控制字（若有）等。新建室内接地变压器因防火要求均采用干式变压器，未配置瓦斯保护，故重瓦斯功能应退出；对于室外安装了瓦斯保护的油浸式接地变压器该功能应投入。

3.5.2 整定计算原则

按照运行要求，20kV 接地变压器中过电流保护、零序过电流保护均需联跳供电变压器同侧断路器且零序过电流保护动作应闭锁 20kV 备自投，因正常运行时变压器 20kV 侧分列运行，不考虑联跳母联断路器。

（1）电流速断保护。

1）电流速断保护。

整定原则 1：躲过接地变压器低压侧短路电流，k_k 取 1.3。

$$I_{dz}^{\mathrm{I}} \geqslant k_k I_{dmax}^{(3)} \tag{3-72}$$

整定原则 2：对接地变压器高压侧小方式下两相短路有规程规定灵敏系数，k_{lm} 取 2。

$$I_{dz}^{\mathrm{I}} \leqslant \frac{I_{dmin}^{(2)}}{k_{lm}} \tag{3-73}$$

整定原则 3：躲变压器励磁涌流

$$I_{dz}^{\mathrm{I}} \geqslant 12 I_e \tag{3-74}$$

因 20kV 接地变压器速断保护动作联跳供电主变压器低压侧断路器，且时间为 0.01s，故不需考虑与供电主变压器定值相配合。在工程实际中按整定原则 1 选取的定值正常均满足整定原则 2、3，整定原则 2、3 仅作校核使用。

2）动作时间。电流速断保护动作时间：$t_{\mathrm{I}} = 0.01$s。

3）动作跳闸逻辑。电流速断跳接地变压器高压侧断路器、并联跳供电主变压器低压侧断路器。

（2）过电流Ⅰ段保护。

1）过电流Ⅰ段保护。

整定原则 1：躲区外单相接地短路流过接地变压器的最大故障相电流，k_k 取 1.3。

$$I_{dz}^{\mathrm{II}} \geqslant k_k I_{dmax}^{(1)} \tag{3-75}$$

整定原则 2：躲变压器最大负荷电流，时间与主变压器同侧过电流保护一致

$$I_{dz}^{\mathrm{II}} \geqslant 4 I_e \tag{3-76}$$

因 20kV 接地变压器过电流Ⅰ段保护动作联跳供电主变压器低压侧断路器，故不需考虑与供电主变压器保护定值相配合。在工程实际中按整定原则 1 选取的定值正常均满足整定原则 2，整定原则 2 仅作校核使用。

2）动作时间。过电流Ⅰ段保护动作时间与主变压器低压侧后备保护跳本侧断路器

时间保持一致。

3）动作跳闸逻辑。过电流Ⅰ段跳接地变压器高压侧断路器、联跳供电主变压器低压侧断路器。

（3）高压侧零序过电流Ⅱ段保护。

1）高压侧零序过电流Ⅱ段保护。

整定原则1：对小方式下本侧母线单相接地短路时有灵敏度，$k_{\rm lm}$取2。

$$I_{\rm 0dz}^{\rm II} \leqslant \frac{I_{\rm 0dmin}^{(1)}}{k_{\rm lm}} \tag{3-77}$$

整定原则2：可靠躲过线路电容电流，为方便估算，电容电流可取接地变压器高压侧额定电流，$k_{\rm k}$取1.5。

$$I_{\rm 0dz}^{\rm II} \geqslant k_{\rm k} I_{\rm C} \tag{3-78}$$

保护动作时间须与母线连接元件零序Ⅱ段保护时间配合，宜与接地变压器过电流Ⅰ段保护时间一致。该定值为保证对母线单相高阻接地故障时有灵敏度，且不宜超过300A。在工程实际中按整定原则1选取的定值正常均满足整定原则2，整定原则2仅作校核使用。

2）动作时间。高压侧零序过电流Ⅱ段保护动作时间与过电流Ⅰ段保护动作时间保持一致。

3）动作跳闸逻辑。高压侧零序过电流Ⅱ段跳接地变压器高压侧开关、联跳供电主变压器低压侧开关。

（4）过负荷保护。

1）过负荷保护。

整定原则：按躲过站用（接地）变压器额定电流整定，$k_{\rm k}$可靠系数，取1.1。

$$I_{\rm dz} = k_{\rm k} I_{\rm e} \tag{3-79}$$

由于部分20kV接地变压器保护TA变比过大，导致过负荷保护二次值定值过小，不满足保护TA二次误差要求，此种情况下可将过负荷保护退出。

2）动作时间。过负荷保护动作时间：$t=10{\rm s}$。

3）动作跳闸逻辑。过负荷保护动作跳闸逻辑：发过负荷信号。

（5）重瓦斯保护（若有）。重瓦斯保护动作跳接地变压器高、低压侧断路器。

3.5.3 整定计算方式选择

（1）系统运行方式选择。以系统最大运行方式为最大运行方式，以系统最小运行方式为最小运行方式。

（2）变压器中性点接地方式选择。无需考虑不同方式。

3.6 算例分析

【算例1】 如图3-1所示，某220kV变电站220kV母线系统综合阻抗为$X_{\rm smax}^{*}=0.207$、$X_{\rm smin}^{*}=0.428$、$X_{\rm 0smax}^{*}=0.364$、$X_{\rm 0smin}^{*}=0.979$；2号变压器型号SSZ11-180/220，

容量为 180MVA，电压为 230/115/37kV，额定电流为 452/904/1404A，正序、零序阻抗分别为 $X_{T1}^{*}=0.858$、$X_{T2}^{*}=-0.069$、$X_{T3}^{*}=0.504$，$X_{0T1}^{*}=0.851$、$X_{0T2}^{*}=-0.066$、$X_{0T3}^{*}=0.505$，接线组别为 YNyn0d11，正常方式下 1 号、2 号变压器中、低压侧分列运行。请对 2 号变压器继电保护进行整定计算。

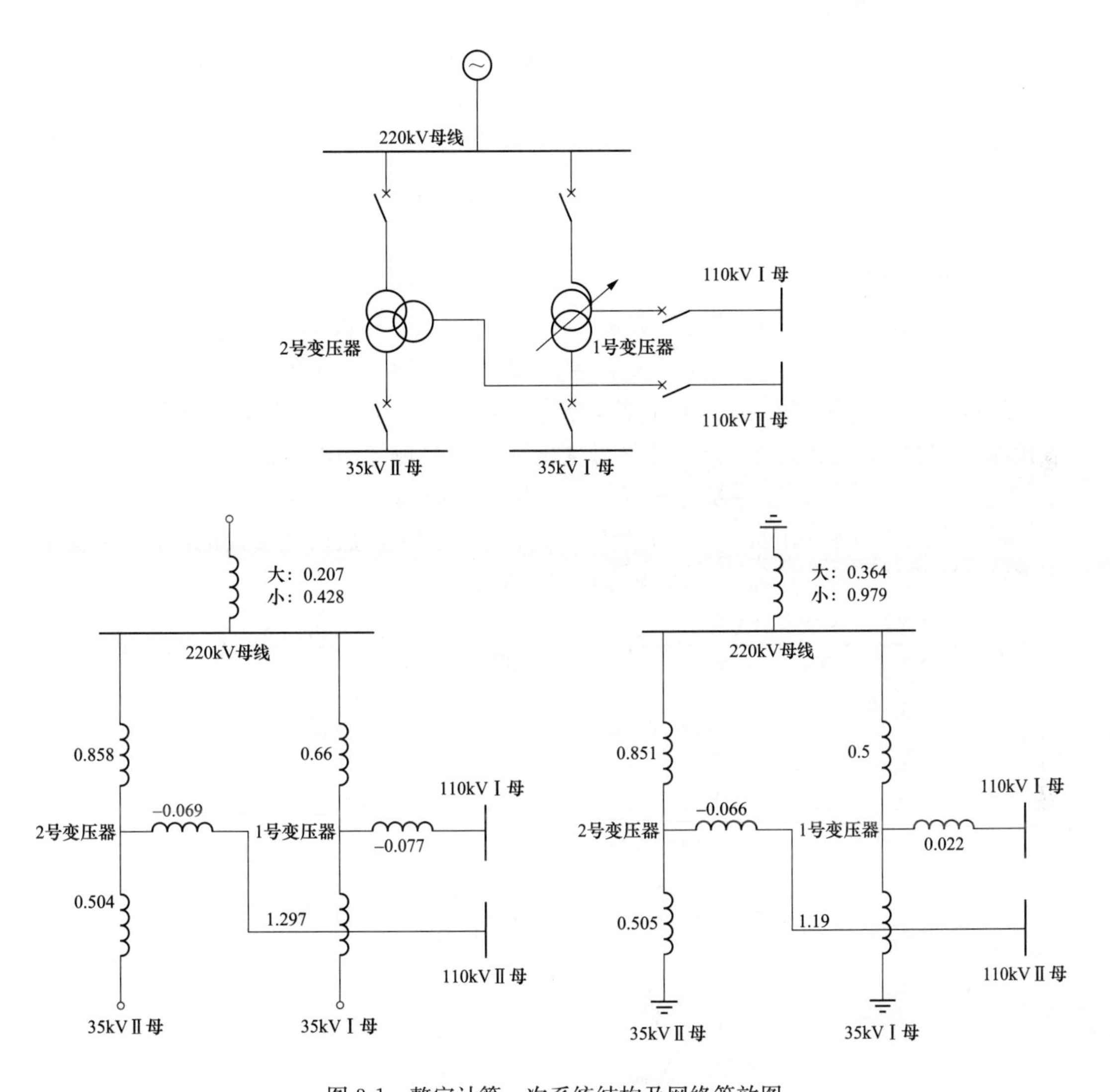

图 3-1　整定计算一次系统结构及网络等效图

一、整定计算思路

220kV 变压器配置双重化的微机变压器保护和一套非电量保护。整定顺序按照先差动保护、后低压侧、中压侧、高压侧后备保护；在进行零序故障电流计算时，需考虑 1 号、2 号变压器接地方式的不同组合；其中，过电流保护最大负荷电流按变压器额定电流 1.1 倍计算。

二、整定计算参数折算

220、110kV及35kV电压标幺参数折算的基准容量1000MVA，基准电压分别为230、115kV及37kV，变压器参数折算至220kV侧。计算结果如下。

1. 220kV系统综合阻抗

$$X_{smax}^{*}=0.207、X_{smin}^{*}=0.428$$
$$X_{0smax}^{*}=0.364、X_{0smin}^{*}=0.979$$

2. 2号主变压器综合阻抗

$X_{T1}^{*}=0.858$、$X_{T2}^{*}=-0.069$、$X_{T3}^{*}=0.504$，$X_{0T1}^{*}=0.851$、$X_{0T2}^{*}=-0.066$、$X_{0T3}^{*}=0.505$

3. 110kV系统综合阻抗

$$X_{max}^{*}=X_{smax}^{*}+(X_{T1}^{*}+X_{T2}^{*})=0.207+0.858-0.069=0.996$$
$$X_{min}^{*}=X_{smin}^{*}+(X_{T1}^{*}+X_{T2}^{*})=0.428+0.858-0.069=1.217$$

运行方式1的零序阻抗（2号主变压器高压侧中性点经间隙接地，中压侧中性点直接接地，1号主变压器运行。适用于2号变压器110kV侧零序电流整定计算）

$$X_{0max}^{*}=X_{0T2}^{*}+X_{0T3}^{*}=0.505-0.066=0.439$$

运行方式2的零序阻抗（2号主变压器高、中压侧中性点均直接接地，1号主变压器停役。适用于2号变压器220kV侧零序电流整定计算）

$$X_{0min}^{*}=\frac{(X_{0smin}^{*}+X_{0T1}^{*})X_{0T3}^{*}}{(X_{0smin}^{*}+X_{0T1}^{*})+X_{0T3}^{*}}+X_{0T2}^{*}=\frac{(0.979+0.851)\times 0.505}{(0.979+0.851)+0.505}-0.066=0.33$$

4. 35kV系统综合阻抗

$$X_{max}^{*}=X_{smax}^{*}+(X_{T1}^{*}+X_{T3}^{*})=0.207+0.858+0.504=1.569$$
$$X_{min}^{*}=X_{smin}^{*}+(X_{T1}^{*}+X_{T3}^{*})=0.428+0.858+0.504=1.79$$

5. 最小运行方式下35kV母线两相短路

$$I_{dmin}^{(2)}=\frac{\sqrt{3}}{2}\times\frac{I_B}{X_{min}^{*}}=0.866\times\frac{15\,600}{1.79}=7547(A)$$

6. 最小运行方式下110kVⅡ母线两短路

$$I_{dmin}^{(2)}=\frac{\sqrt{3}}{2}\times\frac{I_B}{X_{min}^{*}}=0.866\times\frac{5020}{1.217}=3572(A)$$

7. 最小运行方式110kVⅡ母线单相接地故障电流（2号主变压器高压侧中性点经间隙接地）

$$I_{0dmin}^{(1)}=\frac{3I_B}{2X_{min}^{*}+X_{0min}^{*}}=\frac{3\times 5020}{2\times 1.217+0.439}=5242(A)$$

8. 最小运行方式110kVⅡ母线单相接地故障电流（2号主变压器高、中压侧中性点直接接地）

$$I_{0dmin}^{(1)}=\frac{3I_B}{2X_{min}^{*}+X_{0min}^{*}}=\frac{3\times 5020}{2\times 1.217+0.33}=5449(A)$$

9．最小运行方式 220kV 母线两相短路短路电流

$$I_{\mathrm{dmin}}^{(2)}=\frac{\sqrt{3}}{2}\times\frac{I_{\mathrm{B}}}{X_{\mathrm{smin}}^{*}}=0.866\times\frac{2510}{0.428}=5079(\mathrm{A})$$

三、整定计算过程

（一）差动保护

1．差动启动电流

整定原则：按大于变压器额定负载时的不平衡电流整定

$$I_{\mathrm{cdqd}}\geqslant 0.4I_{\mathrm{e}}=0.4\times 452=181(\mathrm{A})$$

依据整定原则，整定结果：180A（注：主变压器投运后应实测最大负荷时差回路不平衡电流）。

2．差动速断电流

整定原则 1：按躲过变压器初始励磁涌流或外部最大不平衡电流整定

$$I_{\mathrm{cdsd}}\geqslant k_{\mathrm{k}}I_{\mathrm{e}}=4\times 452=1808(\mathrm{A})$$

整定原则 2：按最小运行方式下 2 号变压器 220kV 母线两相短路有不小于 1.2 倍灵敏度

$$I_{\mathrm{cdsd}}\leqslant\frac{I_{\mathrm{dmin}}^{(2)}}{k_{\mathrm{lm}}}=\frac{5079}{1.2}=4333(\mathrm{A})$$

依据整定原则 1、2，整定结果：2000A。

（二）低压侧 35kV 后备保护

1．复压过电流Ⅰ段保护（经复压闭锁，不带方向）

整定原则：按最小运行方式下 2 号变压器 35kV 侧母线两相金属性短路有不小于 1.5 倍灵敏度整定

$$I_{\mathrm{dz}}^{\mathrm{I}}\leqslant\frac{I_{\mathrm{dmin}}^{(2)}}{k_{\mathrm{lm}}}=\frac{7547}{1.5}=5031(\mathrm{A})$$

依据整定原则，整定结果：4800A，$t_{\mathrm{I}}^{1}=0.6\mathrm{s}$，动作跳本侧断路器，$t_{\mathrm{I}}^{2}=0.9\mathrm{s}$，动作跳各侧开关。

（1）低电压元件按躲过正常运行时的最低电压整定

$$U_{\mathrm{dybs}}=0.7U_{\mathrm{e}}=0.7\times 100=70(\mathrm{V})$$

（2）负序电压元件按躲过正常运行时的不平衡电压整定

$$U_{\mathrm{fybs}}=0.06U_{\mathrm{e}}=0.06\times 100=6(\mathrm{V})$$

2．复压过电流Ⅱ段保护（经复压闭锁，不带方向）

整定原则：按躲 2 号变压器 35kV 侧最大负荷电流整定

$$I_{\mathrm{dz}}^{\mathrm{II}}\geqslant\frac{k_{\mathrm{k}}}{k_{\mathrm{re}}}I_{\mathrm{fhmax}}=\frac{1.3}{0.95}\times 1.1\times 1404=2113(\mathrm{A})$$

依据整定原则，整定结果：2200A，1 时限 2.4s，动作跳本侧断路器，2 时限 2.7s，动作跳各侧断路器。

3．过负荷保护

整定原则：按躲 2 号变压器 35kV 侧额定电流整定

$$I_{dz}=k_k I_e=1.1\times 1404=1544.4(A)$$

依据整定原则，整定结果：1600A，10s 发过负荷信号。

（三）中压侧 110kV 后备保护

1. 零序过电流Ⅰ段保护（不带方向）

整定原则：按最小运行方式下 2 号变压器 110kV 母线单相接地故障有不小于 1.5 倍灵敏度整定

$$I_{0dz}^{\mathrm{I}}\leqslant\frac{I_{0dmin}^{(1)}}{k_{lm}}=\frac{5242}{1.5}=3495(A)$$

依据整定原则，整定结果：2000A，0.6s，动作跳 110kV 侧总断路器。

2. 零序过电流Ⅱ段保护（不带方向）

整定原则：按与 2 号变压器 110kV 出线零序过电流最末段 300A 配合整定

$$I_{0dz}^{\mathrm{II}}\geqslant k_{ph}k_f\times I_{0dz}^{\mathrm{III}\prime}=1.1\times 1\times 300=330(A)$$

依据整定原则，整定结果：330A，3s，动作跳 110kV 侧总断路器。

3. 复压过电流Ⅰ段保护（经复压闭锁，不带方向）

整定原则：按最小运行方式下 2 号变压器 110kV 侧母线两相金属性短路有不小于 1.5 倍灵敏度整定。

$$I_{dz}^{\mathrm{I}}\leqslant\frac{I_{dmin}^{(2)}}{k_{lm}}=\frac{3572}{1.5}=2381(A)$$

依据整定原则，整定结果：2200A，0.6s，动作跳 110kV 侧总断路器。

（1）低电压元件按躲过正常运行时的最低电压整定

$$U_{dybs}=0.7U_e=0.7\times 100=70(V)$$

（2）负序电压元件按躲过正常运行时的不平衡电压整定

$$U_{fybs}=0.06U_e=0.06\times 100=6(V)$$

4. 复压过电流Ⅱ段保护（经复压闭锁，不带方向）

整定原则：按躲 2 号变压器 110kV 侧最大负荷电流整定

$$I_{dz}^{\mathrm{II}}\geqslant\frac{k_k}{k_{re}}I_{fhmax}=\frac{1.3}{0.95}\times 1.1\times 904=1361(A)$$

依据整定原则，整定结果：1400A，3.6s，动作跳 110kV 侧总断路器。

（四）高压侧 220kV 后备保护

1. 零序过电流Ⅰ段保护（方向指向主变压器）

整定原则：按最小运行方式下 2 号变压器 110kV 母线单相接地故障有不小于 1.3 倍灵敏度整定。

首先计算分支系数，$k_f=\frac{0.505}{0.505+(0.979+0.85)}=0.216$，并将 110kV 母线单相接地零序电流折算至 220kV 侧，$I_{0dmin}^{(1)}=0.216\times 5449\times\frac{115}{230}=588$（A），则

$$I_{0dz}^{\mathrm{I}}\leqslant\frac{I_{0dmin}^{(1)}}{k_{lm}}=\frac{588}{1.3}=452(A)$$

依据整定原则，整定结果：400A，0.9s，动作跳高、中、低各侧断路器。

2. 零序过电流Ⅱ段保护（不带方向）

整定原则：作为220kV侧中性点零序保护使用，按照省调整定通知单执行，一般零序动作电流取150A（采用外接零序），时间6s，动作跳高、中、低各侧断路器。

3. 复压过电流Ⅰ段保护（经复压闭锁，不带方向）

整定原则：按最小运行方式下2号变压器110kV侧母线两相金属性短路有不小于1.2倍灵敏度整定。

$$I_{dz}^{\mathrm{I}} \leqslant \frac{I_{dmin}^{(2)}}{K_{lm}} = \frac{3572}{1.2} \times \frac{115}{230} = 1488(\mathrm{A})$$

依据整定原则，整定结果：1400A，0.9s，动作跳高、中、低各侧断路器。

（1）低电压元件按躲过正常运行时的最低电压整定。

$$U_{dybs} = 0.7U_e = 0.7 \times 100 = 70(\mathrm{V})$$

（2）负序电压元件按躲过正常运行时的不平衡电压整定。

$$U_{fybs} = 0.06U_e = 0.06 \times 100 = 6(\mathrm{V})$$

4. 复压过电流Ⅱ段保护（经复压闭锁，不带方向）

整定原则1：按与2号变压器110kV侧过电流Ⅱ段保护配合整定。

$$I_{dz}^{\mathrm{II}} = k_k k_f I_{dz}^{\mathrm{II}\prime} = 1.1 \times 1 \times 1400 \times \frac{115}{230} = 770(\mathrm{A})$$

整定原则2：按最小运行方式下变压器35kV侧母线两相金属性短路有不小于1.5倍灵敏度整定。

$$K_{lm} = \frac{I_{dmin}^{(2)}}{I_{dz}^{\mathrm{II}}} = \frac{7547}{748.4} \times \frac{37}{230} = 1.56 > 1.5$$

依据整定原则，整定结果：780A，4s，动作跳高、中、低各侧断路器。

5. 间隙零序过电压保护

整定原则：间隙零序过电流取100A（采用外接零序）、动作时间0.5s；间隙零序过电压取180V（开口三角绕组电压）、动作时间0.5s，动作后跳变压器各侧断路器。

6. 失灵联跳功能

整定原则1：按最小运行方式下2号变压器中、低压侧母线两相金属性短路有1.3倍灵敏度整定。

$$I_{dz} \leqslant \frac{I_{dmin}^{(2)}}{1.3} = \frac{7547}{1.5} \times \frac{37}{230} = 809(\mathrm{A})$$

整定原则2：按躲变压器正常运行时高压侧最大负荷电流整定。

$$I_{dz} \geqslant k_k I_e = 1.3 \times 1.1 \times 452 = 646(\mathrm{A})$$

整定原则3：零序或负序电流判据按躲变压器正常运行时可能产生最大不平衡电流整定。

$$I_{0dz} = k_k I_e = 0.25 \times 1.1 \times 452 = 124(\mathrm{A})$$

$$I_{2dz} = k_k I_e = 0.25 \times 1.1 \times 452 = 124(\mathrm{A})$$

依据整定原则1、2，相电流整定结果：700A，零序或负序整定结果：120A，时间

0.2s（按照六统一技术原则，失灵电流判别功能由母差保护实现，零序、负序电流定值与线路间隔共用一套定值，一般由省调整定）。

7. 过负荷保护

整定原则：按躲 2 号变压器 220kV 侧额定电流整定。

$$I_{dz}=k_{k}I_{e}=1.1\times452=497(A)$$

依据整定原则，整定结果：500A，10s 发过负荷信号。

8. 有载闭锁调压保护

整定原则：按 2 号变压器高压侧额定电流的 95%整定。

$$I_{dz}=k_{k}I_{e}=0.95\times452=429(A)$$

依据整定原则，整定结果：430A，10s 闭锁变压器有载调压功能。

【算例 2】 如图 3-2 所示，某 110kV 系统综合阻抗 $X_{smax}^{*}=1.216$、$X_{smin}^{*}=1.23$；1 号变压器型号 SSZ11-50/110，额定容量 50MVA，额定电压 115/37.5/10.5kV，额定电流 251/770/2749A，正序阻抗 $X_{T1}^{*}=2.16$、$X_{T2}^{*}=-0.144$、$X_{T3}^{*}=1.38$，接线组别 YNyn0d11。请对 1 号变压器保护进行整定计算。

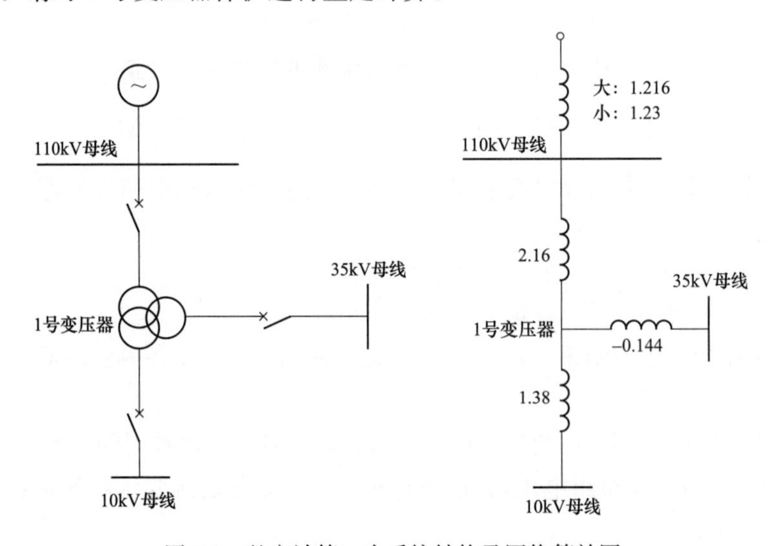

图 3-2 整定计算一次系统结构及网络等效图

一、整定计算思路

110kV 变压器一般配置两套主后一体化变压器差动保护或者一套主保护、一套后备保护，不管如何配置，均可按一套完整变压器保护整定。整定顺序按照先差动保护、后低压侧、中压侧、高压侧后备保护；其中，过电流保护最大负荷电流按变压器额定电流 1.1 倍计算。

二、整定计算参数折算

110、35kV 及 10kV 电压标幺参数折算的基准容量 1000MVA，基准电压分别为

115、37kV及10.5kV，变压器参数折算至110kV侧。计算结果如下。

1. 110kV系统综合阻抗

$$X_{smax}^{*}=1.216、X_{smin}^{*}=1.23$$

2. 1号变压器综合阻抗

$$X_{T1}^{*}=2.16、X_{T2}^{*}=-0.144、X_{T3}^{*}=1.38$$

3. 35kV系统综合阻抗

$$X_{max}^{*}=X_{smax}^{*}+(X_{T1}^{*}+X_{T2}^{*})=1.216+2.16-0.144=3.232$$

$$X_{min}^{*}=X_{smin}^{*}+(X_{T1}^{*}+X_{T2}^{*})=1.23+2.16-0.144=3.246$$

4. 10kV系统综合阻抗

$$X_{max}^{*}=X_{smax}^{*}+(X_{T1}^{*}+X_{T3}^{*})=1.216+2.16+1.38=4.756$$

$$X_{min}^{*}=X_{smin}^{*}+(X_{T1}^{*}+X_{T3}^{*})=1.23+2.16+1.38=4.77$$

5. 最小运行方式下10kV母线两相短路

$$I_{dmin}^{(2)}=\frac{\sqrt{3}}{2}\times\frac{I_{B}}{X_{min}^{*}}=0.866\times\frac{55\,000}{4.77}=9985(A)$$

6. 最小运行方式下35kV母线两短路

$$I_{dmin}^{(2)}=\frac{\sqrt{3}}{2}\times\frac{I_{B}}{X_{min}^{*}}=0.866\times\frac{15\,600}{3.246}=4162(A)$$

7. 最小运行方式下110kV母线两短路

$$I_{dmin}^{(2)}=\frac{\sqrt{3}}{2}\times\frac{I_{B}}{X_{min}^{*}}=0.866\times\frac{5020}{1.23}=3534(A)$$

三、整定计算过程

（一）差动保护

1. 差动启动电流

整定原则：按大于变压器额定负载时的不平衡电流整定。

$$I_{cdqd}\geqslant 0.4I_{e}=0.4\times 251=100(A)$$

依据整定原则，整定结果：100A（注：主变压器投运后应实测最大负荷时差回路不平衡电流）。

2. 差动速断电流

整定原则1：按躲过变压器初始励磁涌流或外部最大不平衡电流整定。

$$I_{cdsd}\geqslant k_{k}I_{e}=5\times 251=1255(A)$$

整定原则2：按最小运行方式下1号主变压器110kV母线两相短路灵敏系数不小于1.2。

$$I_{cdsd}\leqslant\frac{I_{dmin}^{(2)}}{K_{lm}}=\frac{3534}{1.2}=2945(A)$$

依据整定原则1、2，整定结果：1300A。

（二）低压侧 10kV 后备保护

1. 复压过电流Ⅰ段保护（经复压闭锁，不带方向）

整定原则：按最小运行方式下 1 号变压器 10kV 侧母线两相金属性短路有不小于 1.5 倍灵敏度整定。

$$I_{dz}^{\mathrm{I}} \leqslant \frac{I_{dmin}^{(2)}}{K_{lm}} = \frac{9985}{1.5} = 6657(\mathrm{A})$$

依据整定原则，整定结果：6000A，1 时限 0.6s，动作跳本侧断路器，2 时限 0.9s，动作跳各侧断路器。

（1）低电压元件按躲过正常运行时的最低电压整定。

$$U_{dybs} = 0.7U_e = 0.7 \times 100 = 70(\mathrm{V})$$

（2）负序电压元件按躲过正常运行时的不平衡电压整定。

$$U_{fybs} = 0.06U_e = 0.06 \times 100 = 6(\mathrm{V})$$

2. 复压过电流Ⅱ段保护（经复压闭锁，不带方向）

整定原则：按躲 1 号变压器 10kV 侧最大负荷电流整定。

$$I_{dz}^{\mathrm{II}} \geqslant \frac{k_k}{k_{re}} I_{fhmax} = \frac{1.3}{0.95} \times 1.1 \times 2749 = 4138(\mathrm{A})$$

依据整定原则，整定结果：4200A，1 时限 1.2s，动作跳本侧断路器，2 时限 1.5s，动作跳各侧断路器。

（三）中压侧 35kV 后备保护

1. 复压过电流Ⅰ段保护（经复压闭锁，不带方向）

整定原则：按最小运行方式下 1 号变压器 35kV 侧母线两相金属性短路有不小于 1.5 倍灵敏度整定。

$$I_{dz}^{\mathrm{I}} \leqslant \frac{I_{dmin}^{(2)}}{K_{lm}} = \frac{4162}{1.5} = 2775(\mathrm{A})$$

依据整定原则，整定结果：2500A，0.6s，动作跳本侧断路器。

（1）低电压元件按躲过正常运行时的最低电压整定。

$$U_{dybs} = 0.7U_e = 0.7 \times 100 = 70(\mathrm{V})$$

（2）负序电压元件按躲过正常运行时的不平衡电压整定。

$$U_{fybs} = 0.06U_e = 0.06 \times 100 = 6(\mathrm{V})$$

2. 复压过电流Ⅱ段保护（经复压闭锁，不带方向）

整定原则：按躲过 1 号变压器 35kV 侧最大负荷电流整定。

$$I_{dz}^{\mathrm{II}} \geqslant \frac{K_k}{K_{re}} I_{fhmax} = \frac{1.3}{0.95} \times 1.1 \times 770 = 1159(\mathrm{A})$$

依据整定原则，整定结果：1200A，2.4s，动作跳本侧断路器。

（四）高压侧 110kV 后备保护

1. 复压过电流Ⅰ段保护（经复压闭锁，不带方向）

整定原则：按最小运行方式下 1 号变压器 35kV 侧母线两相金属性短路有不小于

1.2 倍灵敏度整定。

$$I_{dz}^{\mathrm{I}} \leqslant \frac{I_{dmin}^{(2)}}{k_{lm}} = \frac{4162}{1.2} \times \frac{37}{115} = 1116(\mathrm{A})$$

依据整定原则，整定结果：1000A，0.9s，动作跳各侧断路器。

(1) 低电压元件按躲过正常运行时的最低电压整定。

$$U_{dybs} = 0.7U_e = 0.7 \times 100 = 70(\mathrm{V})$$

(2) 负序电压元件按躲过正常运行时的不平衡电压整定。

$$U_{fybs} = 0.06U_e = 0.06 \times 100 = 6(\mathrm{V})$$

2. 复压过电流Ⅱ段保护（经复压闭锁，不带方向）

整定原则1：按与1号变压器35kV侧过电流Ⅱ段保护配合整定。

$$I_{dz}^{\mathrm{II}} \geqslant k_k k_f I_{dz}^{\mathrm{II}'} = 1.1 \times 1 \times 1200 \times \frac{37}{115} = 425(\mathrm{A})$$

整定原则2：按最小运行方式下变压器10kV侧母线两相金属性短路有不小于1.5倍灵敏度整定。

$$k_{lm} = \frac{I_{dmin}^{(2)}}{I_{dz}^{\mathrm{II}}} = \frac{9985}{410.2} \times \frac{10.5}{115} = 1.82 > 1.5$$

依据整定原则，整定结果：500A，2.7s，动作跳各侧断路器。

3. 过负荷保护

整定原则：按躲1号变压器110kV侧额定电流整定。

$$I_{dz} = k_k I_e = 1.1 \times 251 = 276(\mathrm{A})$$

依据整定原则，整定结果：280A，10s发过负荷信号。

4. 有载闭锁调压保护

整定原则1：按1号主变压器高压侧额定电流的95%整定。

$$I_{dz} = k_k I_e = 0.95 \times 251 = 238(\mathrm{A})$$

依据整定原则，整定结果：240A，10s闭锁变压器有载调压。

【算例3】 如图3-3所示，某10kV接地站用接地变压器由变电站10kV母线供电，10kV母线正序综合阻抗 $X_{smax}^{*} = \mathrm{j}3.357$、$X_{smin}^{*} = \mathrm{j}4.07$；该接地站用变压器型号为

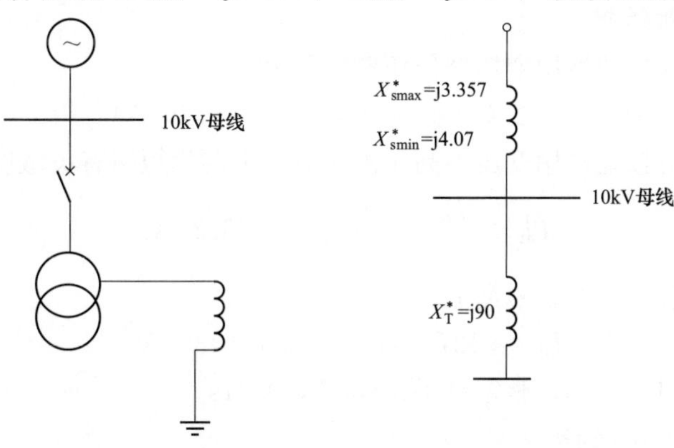

图3-3　整定计算一次系统结构及网络等效图

DKSC-500/10.5，连接组别为Znyn11，额定电流为27.5A，短路阻抗为4.5%。请对接地站用变压器保护进行整定计算。

一、整定计算思路

10kV接地站用变压器一般配置电流速断保护、过电流Ⅰ段保护及过负荷保护。各段保护之间相对独立，在实际计算中可不考虑与其他保护之间的配合关系，保护时间采用固定值。

二、整定计算参数折算

10kV电压标幺参数折算的基准容量为1000MVA，基准电压为10.5kV。计算结果如下。

1. 接地站用变压器短路阻抗有名值及标幺值计算

$$X_{T}=\frac{U_{S}\%}{100}\times\frac{U_{e}^{2}}{S_{e}}\times 10^{3}=\frac{4.5}{100}\times\frac{10.5^{2}}{500}\times 10^{3}=9.923(\Omega)$$

$$X_{T}^{*}=\frac{X_{T}}{X_{B}}=\frac{9.923}{0.1103}=90$$

2. 接地站用变压器大方式下低压侧三相短路高压侧感受电流

$$I_{dmax}^{(3)}=\frac{I_{B}}{Z_{max}^{*}}=\frac{55\ 000}{3.357+90}=589(A)$$

3. 接地站用变压器断路器出口小方式下两相短路电流

$$I_{dmin}^{(2)}=\frac{\sqrt{3}}{2}\times\frac{I_{B}}{Z_{min}^{*}}=\frac{0.866\times 55\ 000}{4.07}=11\ 703(A)$$

4. 接地站用变压器低压侧小方式下两相短路在高压侧感受电流

$$I_{dmin}^{(2)}=\frac{\sqrt{3}}{2}\times\frac{I_{B}}{Z_{min}^{*}}=\frac{0.866\times 55\ 000}{90+4.07}=506(A)$$

三、整定计算过程

（一）电流速断保护

整定原则1：躲接地站用变压器低压侧短路电流。

$$I_{dz}^{I}\geqslant k_{k}I_{dmax}^{(3)}=1.3\times 589=766(A)$$

整定原则2：对接地站用变压器高压侧小方式下两相短路有灵敏度。

$$I_{dz}^{I}\leqslant\frac{I_{dmin}^{(2)}}{k_{lm}}=\frac{10\ 703}{2}=5352(A)$$

整定原则3：躲变压器励磁涌流。

$$I_{dz}^{I}\geqslant 12I_{e}=12\times 27.5=330(A)$$

依据整定原则1、2、3，整定结果：800A，0.01s。

（二）过电流Ⅰ段保护

整定原则1：躲最大负荷电流。

$$I_{dz}^{II} \geqslant 4I_e = 4 \times 27.5 = 110(A)$$

整定原则 2：对接地站用变压器低压侧小方式下两相短路有灵敏度。

$$I_{dz}^{II} \leqslant \frac{I_{dmin}^{(2)}}{k_{lm}} = \frac{506}{2} = 253A$$

依据整定原则 1、2、3，整定结果：150A，0.5s。

（三）过负荷保护

整定原则：按躲过站用（接地）变压器额定电流整定。

$$I_{dz} = k_k I_e = 1.1 \times 27.5 = 30A$$

依据整定原则，整定结果：30A，10s。

本 章 小 结

本章系统地介绍了 220、110、35kV 变压器及站用变压器、接地站用变压器的保护整定计算，鉴于电力变压器是电力系统中十分重要的供电元件，应熟练掌握各类型变压器的整定计算原则与应用要求。

变压器保护跨不同电压等级，部分保护功能段数多、时限多，需要考虑的内外部因素多，保护装置的定值项较多，不同情况下保护配置有所不同，这些因素都增加了变压器保护整定计算的复杂性和难度；然而，在变压器保护的整定计算过程中，只要我们把握其本质，掌握其规律，辅以细致态度，不发生变压器保护的“误整定”是完全有可能的。

由于“六统一”继电保护标准化设计规范中明确的变压器保护功能配置（尤其是 110kV 变压器）与普遍在网运行的变压器保护有一定差异，在学习和应用时应明确其应用范围，做到心中有数。

第4章 线 路 保 护

4.1 220kV终端馈线

220kV终端馈线指向终端变电站供电的输电线路，主要有三种模式，一是向220kV变电站供电方式；二是向沿线铁路机车牵引供电的变电站（俗称牵引站）供电方式；三是作为高压电厂启动电源或备用电源的供电模式。一般而言，对于第一种方式，输电线路两侧均配置双重化的保护装置，保护功能包含纵联保护及后备保护；而对于后两种方式，主要为线路—变压器供电模式，通常仅在供电侧（即电网侧）配置双重化的保护装置，保护功能为纯后备式保护。本节主要针对线路两侧均配置有保护装置的终端馈线进行叙述，对于单侧配置保护装置的情形，在本章4.5中详细介绍。

4.1.1 保护配置

220kV终端馈线配置有双重化的主保护、后备保护一体化微机型保护装置，与220kV联络线的保护配置基本一致。每套保护的主保护可配置纵联保护或纵联差动保护，后备保护配置阶段式相间距离、接地距离和零序保护。

4.1.2 整定计算原则

(1) 主保护定值。

1) 纵联距离保护。

整定原则：对本线路末端故障有足够灵敏度。

$$Z_{dz} \geqslant k_{lm} Z_1 \tag{4-1}$$

变量说明：k_{lm}一般取2；对于少数长度特别长的线路，可取1.5。

对于短线路，若按照2倍灵敏度进行整定时，纵联距离保护定值较小。为保证纵联距离保护具备一定抗过渡电阻能力可靠动作，根据工程实际一般设定10Ω的下限值，即通过灵敏度计算获得的定值如小于10Ω时，则纵联距离保护定值取10Ω。

2) 纵联零序保护。

整定原则：对本线路末端接地故障有足够灵敏度。

$$I_{0dz} \leqslant I_{0min}/k_{lm} \tag{4-2}$$

变量说明：k_{lm}取2。

3) 超范围变化量阻抗保护。

整定原则：按线路 2 倍正序阻抗取值。

$$Z_{dz}=2Z_1 \tag{4-3}$$

与纵联距离保护定值整定类似，根据工程实际一般该定值也设定 10Ω 的下限值，即通过 2 倍灵敏度计算获得的定值如小于 10Ω，则超范围变化量阻抗保护定值取 10Ω。

4）差动动作电流定值。

整定原则 1：按躲最大负荷情况下的最大不平衡电流整定；

整定原则 2：按可靠躲过线路稳态电容电流整定。

对于 220kV 系统，一般不考虑电流补偿功能，可取 500A。

5）差动电流低定值。对于非“六统一”线路纵联差动保护，其差动电流低定值即为“六统一”线路纵联差动保护中的差动动作电流定值；因此，该定值整定原则同差动动作电流定值，一般可取 500A。

6）差动电流高定值。对于非“六统一”线路纵联差动保护，其差动电流高定值一般取为差动电流低定值的 1.5 倍，一般可取 800A。

（2）接地（相间）距离保护。220kV 线路保护中均配有阶段式相间距离、接地距离保护，按照已有研究结论，同一阶段保护若时间相同，接地距离保护定值一般都小于相间距离保护定值，相间距离保护定值采用接地距离保护定值尽管趋向保守（保护范围有所缩短），但此时相间距离保护选择性和灵敏性能满足规程规定要求。因此，可对接地距离和相间距离保护整定计算进行简化，在工程上只计算接地距离保护定值，相间距离保护定值可直接采用接地距离保护定值。

1）接地（相间）距离Ⅰ段。

整定原则：躲本线路末端接地故障。

$$Z_{dz}^{\mathrm{I}}\leqslant k_k Z_1 \tag{4-4}$$

变量说明：$k_k \leqslant 0.7$，取 0.7。

$$t_{\mathrm{I}}=0\mathrm{s}$$

原则分析：当线路正序阻抗较小时，为保证距离Ⅰ段保护可靠动作，一般退出接地（相间）距离Ⅰ段保护。根据工程实际，临界值一般取为 3Ω，即线路正序阻抗≤3Ω 时，退出接地（相间）距离Ⅰ段保护。

2）接地（相间）距离Ⅱ段。

整定原则 1：对本线路末端接地故障有足够灵敏度。

$$Z_{dz}^{\mathrm{II}}\geqslant k_{lm} Z_1 \tag{4-5}$$

$$t_{\mathrm{II}}=1.0\mathrm{s}$$

整定原则 2：躲变压器其他侧母线故障。

$$Z_{dz}^{\mathrm{II}}\leqslant k_k Z_1+k_{kT}k_Z Z_T' \tag{4-6}$$

$$t_{\mathrm{II}}=1.0\mathrm{s}$$

整定原则 3：与相邻线路接地距离Ⅰ段配合。

$$Z_{dz}^{\mathrm{II}}\leqslant k_k Z_1+k_k k_Z Z_{dz}^{\mathrm{I}\prime} \tag{4-7}$$

$$t_{\mathrm{II}}=1.0\mathrm{s}$$

整定原则 4：与相邻线路纵联保护配合，躲相邻线路末端接地故障。

$$Z_{dz}^{\mathrm{II}}\leqslant k_{k}Z_{1}+k_{k}k_{Z}Z_{\mathrm{I}}' \tag{4-8}$$

$$t_{\mathrm{II}}=1.0\mathrm{s}$$

整定原则 5：与相邻线路接地距离Ⅱ段配合。

$$Z_{dz}^{\mathrm{II}}\leqslant k_{k}Z_{1}+k_{k}k_{Z}Z_{dz}^{\mathrm{II}'} \tag{4-9}$$

$$t_{\mathrm{II}}=t'_{\mathrm{II}}+0.5\mathrm{s}$$

变量说明：$k_{lm}\geqslant1.25\sim1.45$，通常固定取 1.5；$k_{k}=0.7\sim0.8$，取 0.7；$k_{Z}$ 选用正序助增系数与零序助增系数两者中较小值；$k_{kT}\leqslant0.7$，取 0.7。

3）接地（相间）距离Ⅲ段。

整定原则 1：对本线路末端接地故障有足够灵敏度。

$$Z_{dz}^{\mathrm{III}}\geqslant k_{lm}Z_{1} \tag{4-10}$$

$$t_{\mathrm{III}}=2\mathrm{s}$$

整定原则 2：躲线路最大负荷。

$$Z_{dz}^{\mathrm{III}}\leqslant k_{k}Z_{fhmin} \tag{4-11}$$

$$t_{\mathrm{III}}=2\mathrm{s}$$

整定原则 3：与相邻线路接地距离Ⅱ段配合。

$$Z_{dz}^{\mathrm{III}}\leqslant k_{k}Z_{1}+k'_{k}k_{Z}Z_{dz}^{\mathrm{II}'} \tag{4-12}$$

$$t_{\mathrm{III}}=2\mathrm{s}\ 或\ t_{\mathrm{III}}=t'_{\mathrm{II}}+0.5\mathrm{s}$$

整定原则 4：与相邻线路接地距离Ⅲ段配合。

$$Z_{dz}^{\mathrm{III}}\leqslant k_{k}Z_{1}+k'_{k}k_{Z}Z_{dz}^{\mathrm{III}'} \tag{4-13}$$

$$t_{\mathrm{III}}=t'_{\mathrm{III}}+0.5\mathrm{s}$$

变量说明：$k_{lm}\geqslant1.25\sim1.45$，取 3.0；$k_{k}=0.7\sim0.8$，取 0.7；$k_{Z}$ 选用正序助增系数与零序助增系数两者中较小值。

（3）零序电流保护。

1）零序电流段。

整定原则 1：躲过本线路末端故障最大零序电流。

$$I_{0dz}^{\mathrm{I}}\geqslant k_{k}3I_{0max} \tag{4-14}$$

$$t_{\mathrm{I}}=0\mathrm{s}$$

变量说明：$k_{k}\geqslant1.3$，取 1.3。

整定原则 2：躲过本线路非全相运行最大零序电流。

$$I_{0dz}^{\mathrm{I}}\geqslant k_{k}3I_{0F} \tag{4-15}$$

$$t_{\mathrm{I}}=0\mathrm{s}$$

变量说明：I_{0F} 按实际摆角计算时，$k_{k}\geqslant1.2$，取 1.2；I_{0F} 按 180°摆角计算时，$k_{k}\geqslant1.1$，取 1.1。

2）零序电流Ⅱ段。

整定原则 1：躲过相邻线路末端故障最大零序电流。

$$I_{0dz}^{II} \geqslant k_k k_f I_{0max} \tag{4-16}$$

$$t_{II} = 1.0s$$

变量说明：$k_k \geqslant 1.2$，取1.2。

整定原则2：与相邻线路零序Ⅰ段配合。

$$I_{0dz}^{II} \geqslant k_k k_f I_{0dz}^{I} \tag{4-17}$$

$$t_{II} = 1.0s$$

变量说明：$k_k \geqslant 1.1$，取1.1。

整定原则3：与相邻线路零序Ⅱ段配合。

$$I_{0dz}^{II} \geqslant k_k k_f I_{0dz}^{II'} \tag{4-18}$$

$$t_{II} = t'_{II} + 0.5s$$

变量说明：$k_k \geqslant 1.1$，取1.1。

整定原则4：躲过本线路非全相运行最大零序电流。

$$I_{0dz}^{I} \geqslant k_k 3I_{0F} \tag{4-19}$$

$$t_{II} = 1.0s$$

变量说明：$k_k \geqslant 1.2$，取1.2。

3）零序电流Ⅲ段。

整定原则1：与相邻线路零序Ⅱ段配合。

$$I_{0dz}^{III} \geqslant k_k k_f I_{0dz}^{II'} \tag{4-20}$$

$$t_{III} = t'_{II} + 0.5s$$

变量说明：$k_k \geqslant 1.1$，取1.1。

整定原则2：与相邻线路零序Ⅲ段配合。

$$I_{0dz}^{III} \geqslant k_k k_f I_{0dz}^{III'} \tag{4-21}$$

$$t_{III} = t'_{III} + 0.5s$$

变量说明：$k_k \geqslant 1.1$，取1.1。

整定原则3：对本线路末端接地故障有足够灵敏度。

$$I_{0dz}^{III} \leqslant 3I_{0min}/k_{lm} \tag{4-22}$$

变量说明：$k_{lm} \geqslant 1.3 \sim 1.5$，取1.5。

4）零序电流Ⅳ段。

整定原则：本线路经高阻接地故障有灵敏度。

$$I_{0dz}^{IV} \leqslant 300(A) \tag{4-23}$$

$$t_{IV} = 4s$$

原则分析：一般220kV线路保护仅配置两段式零序过电流保护，按照电力系统继电保护整定运行行业标准要求，零序过电流最末一段作为本线路经电阻接地故障和相邻元件故障的后备保护，其电流定值不应大于300A；按照弱化零序保护的原则，零序电流可只用最末一段保护，定值固定取300A、时间取4s。

5）零序过电流加速段。

整定原则：对本线路末端接地故障有足够灵敏度。

$$I_{0dz} \leqslant I_{0min}/k_{lm} \tag{4-24}$$

变量说明：k_{lm}取 2。

6）TV 断线零序过流。为简化零序保护整定计算，TV 断线零序过电流保护按零序过电流加速段取相同值整定。

（4）其他保护定值。

1）工频变化量阻抗保护（快速距离保护）。

整定原则：按线路 0.8 倍正序阻抗取值。

$$Z_{dz} = 0.8Z_1 \tag{4-25}$$

与接地（相间）距离Ⅰ段保护相类似，当线路正序阻抗较小时，一般也退出工频变化量阻抗保护（快速距离保护）。

2）纵联反方向阻抗保护。

整定原则：按线路 0.5 倍正序阻抗取值。

$$Z_{dz} = 0.5Z_1 \tag{4-26}$$

3）TV 断线相过电流保护。

整定原则 1：按对本线路末端故障有灵敏度整定。

$$I_{dz} \leqslant I_{dmin}^{(2)}/k_{lm} \tag{4-27}$$

当线路长度在 50km 以上时 k_{lm}取 1.3、在 20～50km 之间时 k_{lm}取 1.4、在 20km 以下时 k_{lm}取 1.5。

整定原则 2：按躲本线路最大负荷电流整定。

$$I_{dz} \geqslant \frac{k_k}{k_{re}} I_{fhmax} \tag{4-28}$$

式中，$k_k = 1.25$，$k_{re} = 0.85$。

4）振荡闭锁过电流保护。

整定原则：按躲线路最小负荷阻抗（或最大负荷电流）整定。

$$Z_{dz} \leqslant Z_{fhmin} \tag{4-29}$$

振荡闭锁过电流保护的作用是防止系统发生振荡时误切除线路（系统振荡与故障对电网安全可靠运行影响有区别），而当线路发生故障或振荡期间发生故障时能可靠开放保护。国内超高压线路保护原理日臻成熟，闭锁条件和开放条件已相当完善；因此，整定上可适当取偏大值，宁可误闭锁也不能漏闭锁。

5）重合闸整定。根据所在电网运行实际或按照运行方式专业稳定计算要求，投入单相或三相一次重合闸，重合闸时间一般取 0.8s，也可停用重合闸功能。

4.1.3 整定计算方式选择

（1）系统运行方式选择。以系统最大运行方式为最大运行方式，以系统最小运行方式为最小运行方式。

（2）变压器中性点接地方式选择。

1）当 220kV 终端变电站有且仅有一台变压器时，按高压侧和中压侧中性点直接接地考虑。

2）当 220kV 终端变电站有 2 台变压器时，如均为自耦变压器，则按高压侧、中压侧中性点直接接地考虑；除全部为自耦变压器外，对于高压侧，一般只允许有一个接地点；而中压侧由于分列运行，一般均按直接接地考虑。

4.2 110kV 线 路

4.2.1 保护配置

按照“六统一”继电保护标准化设计规范要求，每回 110kV 线路的电源侧应配置一套线路保护，负荷侧可不配置保护；根据系统要求需要快速切除故障及采用全线速动保护后，能够改善整个电网保护的性能时，应配置一套纵联保护，且优先选用光纤纵联电流差动保护；当需要考虑互感影响；电缆线路以及电缆与架空混合线路；110kV 环网线（含平行双回线）、电厂并网线、长度小于 10km 短线路等情况时，宜配置一套纵联电流差动保护。

按照“六统一”继电保护标准化设计规范要求，110kV 线路保护应含完整的三段式相间距离和接地距离保护、四段零序过电流保护，应含过负荷告警功能及三相一次重合闸功能。

4.2.2 整定计算原则

110kV 线路若配置纵联保护或纵联差动保护时，其整定计算原则可参照 220kV 线路保护相应部分内容。本节只针对 110kV 线路单侧配置有保护的情形进行叙述。

（1）零序电流保护。在使用了阶段式接地距离保护的复杂电网，零序电流保护宜适当简化，根据工程实际，110kV 线路保护采用三段式零序过电流保护即能满足应用要求；因此，对于包含四段零序过电流保护的 110kV 线路保护，仅使用其中三段零序过电流保护功能，选择零序过电流Ⅱ段与零序过电流Ⅲ段取同一定值方式实现。

1）零序过电流Ⅰ段保护。

整定原则 1：按躲区外故障最大零序电流整定。

$$I_{0dz}^{\mathrm{I}} \geqslant k_{k} 3I_{0max} \tag{4-30}$$

变量说明：$k_k \geqslant 1.3$，取 1.3。

整定原则 2：终端线路或有全线速切需求的场合，可伸出线路。

$$I_{0dz}^{\mathrm{I}} \leqslant 3I_{0min}/k_{lm} \tag{4-31}$$

变量说明：灵敏系数 k_{lm} 按规程规定的线路长度取值，线路长度 50km 以上时取 1.3、长度在 20～50km 时取 1.4、长度在 20km 以下时取 1.5。

整定原则 3：与上一级线路零序过电流Ⅱ段配合。

$$I_{0dz}^{\mathrm{I}} \leqslant I_{dz}^{\mathrm{II}}/k_{k}k_{f} \tag{4-32}$$

变量说明：$k_k \geqslant 1.1$，取 1.15。

$$t_{\mathrm{I}} = 0\mathrm{s}$$

2）零序过电流Ⅱ（Ⅲ）段保护。

整定原则 1：按本线路末端故障有灵敏度整定。

$$I_{0dz}^{\mathrm{II}} \leqslant I_{0dmin}/k_{lm} \tag{4-33}$$

$$t_{\mathrm{II}} = 0.3\mathrm{s}$$

变量说明：线路长度 50km 以上时 k_{lm} 取 1.3、线路长度 20～50km 时 k_{lm} 取 1.4、线路长度 20km 以下时 k_{lm} 取 1.5。

整定原则 2：与相邻线路零序过电流Ⅰ段配合。

$$I_{0dz}^{\mathrm{II}} \geqslant k_k k_f I'_{0dz} \tag{4-34}$$

$$t_{\mathrm{II}} = 0.3\mathrm{s}$$

变量说明：$k_k \geqslant 1.1$，取 1.15。

整定原则 3：与相邻线路零序过电流Ⅱ段配合。

$$I_{0dz}^{\mathrm{II}} \geqslant k_k k_f I_{0dz}^{\mathrm{II}'} \tag{4-35}$$

$$t_{\mathrm{II}} = t'_{\mathrm{II}} + 0.3\mathrm{s}$$

变量说明：$k_k \geqslant 1.1$，取 1.15。

整定原则 4：与上级零序保护限额配合，即与 220kV 变压器 110kV 侧零序过电流Ⅰ段配合。

$$I_{0dz}^{\mathrm{II}} \leqslant k_f I_{0dz}^{\mathrm{I}'}/k_k \tag{4-36}$$

$$t_{\mathrm{II}} = 0.3\mathrm{s}$$

变量说明：$k_k \geqslant 1.1$，取 1.15。

3）零序过电流Ⅳ段保护。零序过电流Ⅳ段定值固定取 300A，时间则按逐级配合整定，以 0.3s 为级差，从 220kV 变压器 110kV 侧第一级开始依次递减时间级差。为简化时间配合关系，220kV 变压器 110kV 侧第一级线路时间固定取 2.7s，第二级线路时间固定取 2.4s。

4）零序过电流加速段保护。一般取对线路末端故障满足灵敏度要求的Ⅱ段定值，即零序过电流Ⅱ段定值，后加速时间取 0.1s。

（2）接地（相间）距离保护。

1）接地（相间）距离Ⅰ段。

整定原则 1：按可靠躲过本线路末端故障整定。

$$Z_{dz}^{\mathrm{I}} \leqslant k_k Z_l \tag{4-37}$$

变量说明：$k_k \leqslant 0.7$，取 0.7。

整定原则 2：终端线路或有全线速切需求的场合，按线路末端故障有灵敏度整定。

$$Z_{dz}^{\mathrm{I}} \geqslant k_{lm} Z_l \tag{4-38}$$

变量说明：当线路长度在 50km 以上时 k_{lm} 取 1.3、在 20～50km 之间时取 1.4、在 20km 以下时取 1.5。

整定原则 3：按与上一级 110kV 线路距离Ⅱ段配合整定。

$$Z_{dz}^{\mathrm{I}} \geqslant k_k Z_1 + Z_{dz}^{\mathrm{II}\prime}/k_k k_z - Z_1/k_z \tag{4-39}$$

变量说明：k_k=0.7～0.8，取0.7。

$$t_{\mathrm{I}} = 0\mathrm{s}$$

参照220kV线路接地距离Ⅰ段保护整定原则，对于线路阻抗小于等于3Ω的超短线路，其接地（相间）距离Ⅰ段保护宜退出运行。

2）接地（相间）距离Ⅱ段。

整定原则1：与上级限额配合整定，即与220kV变压器110kV侧过流Ⅰ段配合整定。

$$Z_{dz}^{\mathrm{II}} \geqslant Z_{\mathrm{I}}/k_k \tag{4-40}$$

$$t_{\mathrm{II}} = 0.3\mathrm{s}$$

变量说明：k_k=0.7～0.8，取0.7。

整定原则2：按本线路末端发生金属性故障有足够灵敏度整定。

$$Z_{dz}^{\mathrm{II}} \geqslant k_{lm} Z_1 \tag{4-41}$$

$$t_{\mathrm{II}} = 0.3\mathrm{s}$$

变量说明：当线路长度在50km以上时k_{lm}取1.3、在20～50km之间时取1.4、在20km以下时取1.5。

整定原则3：不宜超过下一级变压器的其他侧母线。

$$Z_{dz}^{\mathrm{II}} \leqslant k_k Z_1 + k_k k_z Z_{\mathrm{T}}' \tag{4-42}$$

变量说明：k_k=0.7～0.8，取0.7。

$$t_{\mathrm{II}} = 0.3\mathrm{s}$$

整定原则4：与相邻线路接地距离Ⅰ段配合。

$$Z_{dz}^{\mathrm{II}} \leqslant k_k Z_1 + k_k k_z Z_{dz}^{\mathrm{I}\prime} \tag{4-43}$$

$$t_{\mathrm{II}} = 0.3\mathrm{s}$$

变量说明：k_k=0.7～0.8，取0.7。

整定原则5：与相邻线路接地距离Ⅱ段配合。

$$Z_{dz}^{\mathrm{II}} \leqslant k_k Z_1 + k_k k_z Z_{dz}^{\mathrm{II}\prime} \tag{4-44}$$

变量说明：k_k=0.7～0.8，取0.7。

$$t_{\mathrm{II}} = t_{\mathrm{II}}' + 0.3\mathrm{s}$$

3）接地（相间）距离Ⅲ段。

整定原则1：按与上一级限额配合整定，即220kV变压器110kV侧过流Ⅱ段配合整定。

$$Z_{dz}^{\mathrm{III}} \geqslant Z_{\mathrm{II}}/k_k \tag{4-45}$$

变量说明：k_k=0.7～0.8，取0.7。

整定原则2：按躲线路最小负荷阻抗整定。

$$Z_{dz}^{\mathrm{III}} \leqslant k_k \times 0.9 \times 110/(1.732 \times I_{fhmax}) \tag{4-46}$$

变量说明：k_k≤0.7，取0.7。

整定原则3：与相邻线路接地距离Ⅱ段配合。

$$Z_{dz}^{\mathrm{III}} \leqslant k_k Z_1 + k_k k_z Z_{dz}^{\mathrm{II}\prime} \tag{4-47}$$

变量说明：k_{k}=0.7～0.8，取0.7。

整定原则4：与相邻线路接地距离Ⅲ段配合。

$$Z_{dz}^{Ⅲ} \leqslant k_{k} Z_{1} + k_{k} k_{z} Z_{dz}^{Ⅲ'} \tag{4-48}$$

变量说明：k_{k}=0.7～0.8，取0.7。

动作时间：为简化接地（相间）距离Ⅲ段时间配合关系，220kV变压器110kV侧第一级线路时间固定取3.3s，第二级线路时间固定取3.0s。

（3）TV断线保护。

1）TV断线过电流保护。

整定原则1：按对本线路末端故障有灵敏度整定。

$$I_{dz} \leqslant I_{dmin}^{(2)} / k_{lm} \tag{4-49}$$

整定原则2：按躲本线路最大负荷电流整定。

$$I_{dz} \geqslant \frac{k_{k}}{k_{re}} I_{fhmax} \tag{4-50}$$

变量说明：k_{k}=1.25，k_{re}=0.85。

动作时间固定取0.3s。

2）TV断线零序过电流保护。TV断线零序过电流保护定值取对全线有灵敏度的零序过电流Ⅱ段保护定值即可。

（4）重合闸整定。110kV线路一般采用三相一次重合闸，重合闸时间取2s。重合闸投退按不同场合区别对待，一般遵循原则包括：①对于架空输电线路，应投入；②对于纯电缆线路，宜退出；③对于架空电缆混合输电线路，如电缆线路占比较少时宜投入；④对于连接有小电源或并网电厂线路，由并网电厂提出重合闸投退需求；⑤对于用户输电线路（含牵引站线路），根据用户提出的重合闸投退要求执行。

4.2.3 整定计算方式选择

（1）系统运行方式选择。110kV系统电源按开环运行方式考虑。

（2）变压器中性点接地方式选择。在计算110kV母线侧的最大、最小运行方式时已经计及了220kV变压器的不同接地方式。当110kV变压器中、低压侧不含并网小电源时，按变压器高压侧中性点不接地考虑；当110kV变压器中、低压侧含有小电源并网时，按变压器高压侧中性点经放电间隙接地考虑。

4.3 35kV 线 路

4.3.1 保护配置

35kV线路主要作为县级电网与市级电网联络线或县级电网之间联络线，按照“六统一”继电保护标准化设计规范，35kV线路保护宜采用保护、测控、计量一体化的微机型保护装置；长度小于3km的短线路或大容量变压器的35kV出线，宜采用微机型距离保护装置，如采用距离保护不能满足选择性、灵敏性和速动性要求时，应采用光纤电流差动保护作为主保护；35kV电厂并网线、双线并列运行、保证供电质量需要或有系统稳定要求时，应配置全线速动的快速主保护及后备保护，优先采用光纤电流差动保护作为主保护。

35kV线路距离保护应配置三段式相间距离保护和过电流保护，35kV线路光纤电流差动保护应配置三段式过电流保护；一般线路可装设三段式过电流保护；低电阻接地系统的35kV线路保护还应配置两段式零序电流保护。35kV线路保护应含三相一次重合闸、低频减载、过负荷告警等功能。

对于35kV线路光纤电流差动保护的整定可参照220kV线路光纤电流差动保护。35kV线路距离保护的整定可参照110kV整定。由于35kV系统一般为不接地系统，35kV线路保护一般配置为三段式过电流保护。

4.3.2　整定计算原则

（1）过电流Ⅰ段保护。

整定原则1：与上一级线路过电流Ⅱ段保护配合，即满足上一级线路的保护限额要求。

$$I_{dz}^{\mathrm{I}} \leqslant I_{dz}^{\mathrm{II}'} / k_k \tag{4-51}$$

变量说明：k_k一般取1.2。

整定原则2：按躲本线路末端最大三相短路电流整定。

$$I_{dz}^{\mathrm{I}} \geqslant 1.3 \times \frac{15\,600}{Z_{smax}^{*} + Z_{l}^{*}} \tag{4-52}$$

整定原则3：对于接入供电变压器终端线路，按躲变压器其他侧母线三相最大短路电流整定。

$$I_{dz}^{\mathrm{I}} \geqslant 1.3 \times \frac{15\,600}{Z_{smax}^{*} + Z_{l}^{*} + Z_{b}^{*}} \tag{4-53}$$

整定原则4：校核被保护线路出口短路灵敏系数，在常见运行大方式下，要求三相短路的灵敏系数不小于1。

$$k_{lm} = \frac{\dfrac{15\,600}{Z_{smax}^{*}}}{I_{dz}^{\mathrm{I}}} \geqslant 1 \tag{4-54}$$

动作时间：0s。

原则说明：35kV联络线按原则2整定；35kV线变组终端线路允许按伸入变压器整定，即按原则1、3整定后取其交集；取值后按原则4进行灵敏度校核，若灵敏度不满足要求意味着过电流Ⅰ段保护没有保护范围，此时可通过控制字退出过电流Ⅰ段保护。

（2）过电流Ⅱ段保护。

整定原则1：与220kV或110kV变压器保护35kV侧过电流Ⅰ段配合。

$$I_{dz}^{\mathrm{II}} \leqslant I_{dz}^{\mathrm{I}'} / k_k \tag{4-55}$$

变量说明：k_k一般取1.2。

动作时间：0.3s。

整定原则2：按本线路末端故障有规定的灵敏系数整定。

$$I_{dz}^{\mathrm{II}} \leqslant \frac{\dfrac{0.866 \times 15\ 600}{Z_{smin}^{*} + Z_{l}^{*}}}{k_{lm}} \tag{4-56}$$

变量说明：当线路长度在50km以上时k_{lm}取1.3、在20～50km之间时取1.4、在20km以下时k_{lm}取1.5。

动作时间：0.3s。

整定原则3：终端线路允许按躲过变压器其他侧母线三相最大短路电流整定。

$$I_{dz}^{\mathrm{II}} \geqslant 1.3 \times \frac{15\ 600}{Z_{smax}^{*} + Z_{l}^{*} + Z_{b}^{*}} \tag{4-57}$$

动作时间：0.3s。

整定原则4：按与相邻线路过电流Ⅰ段保护配合整定。

$$I_{dz}^{\mathrm{II}} \geqslant k_{k} k_{fmax} I_{dz}^{\mathrm{I}\prime} \tag{4-58}$$

动作时间：0.3s。

变量说明：k_k一般取1.2。

整定原则5：按与相邻线路过电流Ⅱ段保护配合整定。

$$I_{dz}^{\mathrm{II}} \geqslant k_{k} k_{fmax} I_{dz}^{\mathrm{II}\prime} \tag{4-59}$$

动作时间：$t = t_{dz}^{\mathrm{II}} + 0.3\mathrm{s}$。

变量说明：k_k一般取1.2。

原则分析：对于35kV联络线，按原则1、2、4、5综合考虑取值；若为35kV终端馈线，则按原则1、3考虑即可。

（3）过电流Ⅲ段保护。

整定原则1：与220kV或110kV变压器保护35kV侧过电流Ⅱ段保护配合。

$$I_{dz}^{\mathrm{III}} \leqslant I_{dz}^{\mathrm{II}\prime} / k_{k} \tag{4-60}$$

变量说明：k_k一般取1.2。

整定原则2：按躲过最大负荷电流整定。

$$I_{dz}^{\mathrm{III}} \geqslant \frac{k_{k}}{k_{f}} I_{fhmax} \tag{4-61}$$

变量说明：k_k一般取1.25，k_f一般取0.85。

整定原则3：与相邻线路过电流Ⅱ段保护配合整定。

$$I_{dz}^{\mathrm{III}} \geqslant k_{k} k_{fmax} I_{dz}^{\mathrm{II}\prime} \tag{4-62}$$

变量说明：k_k一般取1.2。

整定原则4：与相邻线路过电流Ⅲ段保护配合整定。

$$I_{dz}^{\mathrm{III}} \geqslant k_{k} k_{fmax} I_{dz}^{\mathrm{III}\prime} \tag{4-63}$$

变量说明：k_k一般取1.2。

动作时间：关于过电流Ⅲ段保护动作时间，相关规程中并未有明确界定，为给后续35kV变压器、10kV线路整定留足级差，推荐采用固化值。即当35kV线路为第一级线路时，取 2.1s；当 35kV 线路为第二级线路时则取 1.8s。

（4）过电流加速段保护。

整定原则：应对本线路末端故障有足够的灵敏度，一般直接取过电流Ⅱ段保护定值。时间固定取 0.1s。

（5）TV 断线过流保护。

整定原则：应在 TV 断线时对本线路末端故障有足够的灵敏度，一般直接取过电流Ⅱ段保护定值。时间固定取 0.3s。

（6）过负荷保护。

整定原则：按躲过最大负荷电流整定。

$$I_{dz}=\frac{1.05}{0.9}\times I_{fhmax} \tag{4-64}$$

动作时间：10s，动作于发信号。

变量说明：I_{fhmax}为本线路最大负荷电流。

（7）重合闸整定。

35kV 线路一般采用三相一次重合闸，时间取 2s，其投入退出原则可参照 110kV 线路保护部分关于重合闸整定要求执行。

4.3.3　整定计算方式选择

（1）系统运行方式选择。35kV 系统运行方式选择与 110kV 系统类似，首先以运行方式专业人员提供的系统运行方式为基础，从供电电源点开始（220kV 或 110kV 变电站的 35kV 侧母线），取 35kV 母线侧最大、最小运行方式，并依次叠加 35kV 线路阻抗；比较多种运行方式下阻抗值的大小；以阻抗取值最小的作为系统最大运行方式，以阻抗取值最大的作为系统最小运行方式。

（2）变压器中性点接地方式选择。由于 35kV 均为小电流接地系统，故在计算系统最大、最小运行方式时不需考虑变压器中性点不同接地方式。

4.4　10kV　线　路

4.4.1　保护配置

10kV 线路通常为末端供电线路，不需考虑与下级线路的配合，按照“六统一”继电保护标准化设计规范，10kV 线路保护宜采用保护、测控、计量一体化的微机型保护装置；长度小于 3km 的短线路或大容量变压器的 10kV 出线，宜采用微机型距离保护装置，如采用距离保护不能满足选择性、灵敏性和速动性要求时，应采用光纤电流差动保护作为主保护；10kV 电厂并网线、双线并列运行、保证供电质量需要或有系统稳定要求时，应配置全线速动的快速主保护及后备保护，优先采用光纤电流差动保护作为主保护。

10kV 线路距离保护应配置三段式相间距离保护和过流保护，10kV 线路光纤电流差动保护应配置三段式过电流保护；一般线路可装设三段式过电流保护；低电阻接地系统的 10kV 线路保护还应配置两段式零序电流保护。10kV 线路保护应含三相一次重合闸功能、低频减载功能、过负荷告警功能等功能。

对于 10kV 线路光纤电流差动保护的整定可参照 220kV 线路光纤电流差动保护。由于 10kV 系统均为不接地系统，10kV 线路保护一般配置为三段式过电流保护。

4.4.2 整定计算原则

（1）过电流Ⅰ段保护。

整定原则 1：按躲过本线路末端最大三相短路电流整定。

$$I_{dz}^{\mathrm{I}} \geqslant 1.3 \times \frac{55\,000}{Z_{smax}^{*} + Z_{1}^{*}} \tag{4-65}$$

整定原则 2：终端线路允许躲过变压器其他侧母线三相最大短路电流整定。

$$I_{dz}^{\mathrm{I}} \geqslant 1.3 \times \frac{55\,000}{Z_{smax}^{*} + Z_{1}^{*} + Z_{b}^{*}} \tag{4-66}$$

整定原则 3：校核被保护线路出口的短路灵敏系数，在常见运行大方式下，要求三相短路的灵敏系数不小于 1。

$$k_{lm} = \frac{\dfrac{55\,000}{Z_{smax}^{*}}}{I_{dz}^{\mathrm{I}}} \geqslant 1 \tag{4-67}$$

动作时间：0s。

原则说明：对于线变组终端线路允许按伸入变压器整定，即按原则 2 整定；通常情况下，10kV 线路按原则 1 或 2 取值后，再按原则 3 进行灵敏度校核，若灵敏度不满足要求意味着过电流Ⅰ段保护无保护范围，此时可退出过电流Ⅰ段保护。

（2）过电流Ⅱ段保护。

整定原则 1：与上一级变压器过电流Ⅰ段保护配合。

$$I_{dz}^{\mathrm{II}} \leqslant I_{dz}^{\mathrm{I}'} / k_{k} \tag{4-68}$$

变量说明：k_{k} 一般取 1.2。

整定原则 2：按对本线路末端故障有规定的灵敏系数整定。

$$I_{dz}^{\mathrm{II}} \leqslant \frac{\dfrac{0.866 \times 55\,000}{Z_{smin}^{*} + Z_{1}^{*}}}{k_{lm}} \tag{4-69}$$

变量说明：当线路长度在 50km 以上时 k_{lm} 取 1.3、在 20～50km 之间时取 1.4、在 20km 以下时 k_{lm} 取 1.5。

整定原则 3：终端线路允许按躲过变压器其他侧母线三相最大短路电流整定。

$$I_{dz}^{\mathrm{II}} \geqslant 1.3 \times \frac{55\,000}{Z_{smax}^{*} + Z_{1}^{*} + Z_{b}^{*}} \tag{4-70}$$

整定原则 4：与相邻线路过电流Ⅰ段保护配合整定。

$$I_{dz}^{\mathrm{II}} \geqslant k_{k} k_{fmax} I_{dz}^{\mathrm{I}'} \tag{4-71}$$

动作时间：0.3s。

变量说明：k_k 一般取 1.2。

整定原则 5：与相邻线路过电流Ⅱ段保护配合整定。

$$I_{dz}^{\mathrm{II}} \geqslant k_k k_{fmax} I_{dz}^{\mathrm{II}'} \tag{4-72}$$

动作时间：$t = t_{dz}^{\mathrm{II}} + 0.3$s。

变量说明：k_k 一般取 1.2。

原则说明：对于有小电源并网的 10kV 线路，应按原则 1、2、4、5 综合考虑取值；若为 10kV 终端馈线，则按原则 1、3 考虑即可。

（3）过电流Ⅲ段保护。

整定原则 1：与上一级变压器 10kV 侧过流Ⅱ段保护配合。

$$I_{dz}^{\mathrm{III}} \leqslant I_{dz}^{\mathrm{II}'} / k_k \tag{4-73}$$

变量说明：k_k 一般取 1.2。

整定原则 2：按躲过最大负荷电流整定。

$$I_{dz}^{\mathrm{III}} \geqslant \frac{k_k}{k_f} I_{fhmax} \tag{4-74}$$

变量说明：k_k 一般取 1.25，k_f 一般取 0.85。

整定原则 3：与相邻线路过电流Ⅱ段保护配合整定。

$$I_{dz}^{\mathrm{III}} \geqslant k_k k_{fmax} I_{dz}^{\mathrm{II}'} \tag{4-75}$$

变量说明：k_k 一般取 1.2。

整定原则 4：与相邻线路过电流Ⅲ段保护配合整定。

$$I_{dz}^{\mathrm{III}} \geqslant k_k k_{fmax} I_{dz}^{\mathrm{III}'} \tag{4-76}$$

变量说明：k_k 一般取 1.2。

动作时间：关于过电流Ⅲ段保护动作时间，相关规程中并未有明确界定，从变压器、线路整定统筹考虑，推荐采用固化值。即变压器 10kV 侧出线固定取 0.9s，若有第二级线路，则按级差依次计算取值。

（4）过电流加速段保护。

整定原则：应对本线路末端故障有足够的灵敏度，一般直接取过电流Ⅱ段保护定值。时间固定取 0.1s。

（5）TV 断线过流保护。

整定原则：应在 TV 断线时对本线路末端故障有足够的灵敏度，一般直接取过电流Ⅱ段保护定值。时间固定取 0.3s。

（6）过负荷保护。

整定原则：按躲过最大负荷电流整定。

$$I_{dz} = \frac{1.05}{0.9} \times I_{fhmax} \tag{4-77}$$

动作时间：10s，动作于发信号。

（7）重合闸整定。10kV 线路一般采用三相一次重合闸，时间取 2s，其投入退出原则参照 110kV 线路保护部分关于重合闸整定要求执行。

4.4.3 整定计算方式选择

10kV 系统运行方式选择及变压器中性点接地方式选择可参照 35kV 系统类似处理。

4.5 220kV 牵引供电线路

220kV 牵引供电线路主要作为铁路机车牵引供电的变电站提供电源，一般仅在电源侧配置有线路保护，主要应用其后备保护功能。由于牵引站负荷波动比较频繁，且采用独特的 V/V 接线形式，负序电流比较突出，整定计算过程中还需考虑负荷波动对保护性能的影响。

此外，部分向高压电厂启动电源或备用电源的 220kV 终端馈线也只在电源侧单端配置有线路保护，尽管其不具备牵引供电线路那样含有大量负序电流以及负荷波动频繁等特性，但整定计算原则基本一致，可参照执行。对于采用 110kV 电压等级的牵引供电线路，可参照本节内容。

4.5.1 保护配置

220kV 牵引供电线路一般配置有双重化的主保护、后备保护一体化微机型保护装置；因对侧未配置线路保护，故仅使用本侧保护中的后备保护功能（阶段式距离保护和零序保护）；又因其负序电流较大、负荷波动频繁，保护装置程序有其特殊考虑，但定值项与常规线路保护基本一致。

110kV 电压等级牵引供电线路的整定计算除线路保护配置为单套外，与 220kV 并无差异，整定原则按类似处理。

4.5.2 整定计算原则

（1）接地（相间）距离Ⅰ段保护。

整定原则：对本线路末端接地故障有足够灵敏度。

$$Z_{\mathrm{dz}}^{\mathrm{I}} \geqslant k_{\mathrm{lm}} Z_{\mathrm{l}} \tag{4-78}$$

$$t_{\mathrm{I}} = 0\mathrm{s}$$

变量说明：$k_{\mathrm{lm}} \geqslant 1.25 \sim 1.45$，取 1.5。

原则分析：为保证牵引供电线路故障后能快速切除故障，一般采用接地（相间）距离Ⅰ段保护作为全线速动主保护使用，保护范围伸入牵引站内变压器（按不伸出低压侧母线考虑）。参照 220kV 终端馈线部分中关于纵联距离保护定值内容，接地（相间）距离Ⅰ段保护定值门槛值为 10Ω，即按灵敏度取值结果小于 10Ω 时，距离Ⅰ段保护定值取 10Ω。

（2）接地（相间）距离Ⅱ段保护。

整定原则 1：对本线路末端接地故障有足够灵敏度。

$$Z_{dz}^{\mathrm{II}} \geqslant k_{lm} Z_l \tag{4-79}$$

整定原则 2：不小于接地（相间）距离Ⅰ段保护定值。

$$Z_{dz}^{\mathrm{II}} \geqslant Z_{dz}^{\mathrm{I}} \tag{4-80}$$

整定原则 3：躲牵引变压器低压侧母线。

$$Z_{dz}^{\mathrm{II}} \leqslant k_k Z_l + k_{kt} Z_b / k_t \tag{4-81}$$

$$t_{\mathrm{II}} = 1\mathrm{s}$$

变量说明：$k_{lm} \geqslant 2$，取 2；$k_k = 0.7 \sim 0.8$，取 0.8；$k_{kt} \leqslant 0.7$，取 0.7；k_t为折算系数，单相牵引变压器取 2，$V/V(V/X)$ 接线牵引变压器取 3。

（3）接地（相间）距离Ⅲ段保护。

整定原则 1：对本线路末端接地故障有足够灵敏度。

$$Z_{dz}^{\mathrm{III}} \geqslant k_{lm} Z_l \tag{4-82}$$

整定原则 2：躲线路最大负荷。

$$Z_{dz}^{\mathrm{III}} \leqslant k_k Z_{fh} \tag{4-83}$$

整定原则 3：不小于接地（相间）距离Ⅱ段保护定值。

$$Z_{dz}^{\mathrm{III}} \geqslant Z_{dz}^{\mathrm{II}} \tag{4-84}$$

$$t_{\mathrm{III}} = 2\mathrm{s}$$

变量说明：k_{lm}取 3.0；$k_k \leqslant 0.7$，取 0.7。

（4）工频变化量阻抗保护。工频变化量阻抗保护作为牵引供电线路的快速保护，可参照接地（相间）距离Ⅰ段保护定值整定。

（5）零序过电流保护。零序过电流Ⅱ段保护。

整定原则：按本线路末端故障有灵敏度整定。

动作时间：0.2s。

公式取 110kV 线路公式。

零序过电流Ⅲ段保护定值固定取 300A、时间取 3s。

（6）TV 断线相过电流保护。

整定原则 1：按对本线路末端故障有灵敏度整定。

$$I_{dz} \leqslant I_{dmin}^{(2)} / k_{lm} \tag{4-85}$$

变量说明：$k_{lm} \geqslant 1.25 \sim 1.45$，取 1.5。

整定原则 2：按躲本线路最大负荷电流整定。

$$I_{dz} \geqslant \frac{k_k}{k_{re}} I_{fhmax} \tag{4-86}$$

变量说明：$k_k = 1.25$，$k_{re} = 0.85$。

（7）重合闸整定。应严格按牵引站主管部门提供的重合闸投退要求执行，需要投入时可投入三相一次重合闸，时间可取 0.8s。

（8）其他保护。由于牵引供电线路仅在电源侧配置有保护，不论是采用差动原理还是基于判断故障方向的主保护功能均无法实现，故主保护均退出；另外，电网振荡中心也不可能落入牵引供电线路范围，故振荡闭锁保护亦可退出。其他本节中未涉及而牵引供电线路又投入的保护，可参照220kV终端馈线保护定值整定计算类似处理。

4.5.3 整定计算方式选择

（1）系统运行方式选择。以系统最大运行方式为最大运行方式，以系统最小运行方式为最小运行方式。

（2）变压器中性点接地方式选择。由于牵引站内牵引变压器多为两相变压器，不需考虑其接地方式。

4.6 算 例 分 析

【算例1】 已知某220kV终端变电站经单回线路供电，导线载流量按600A考虑，站内配置两台变压器，相关参数（已归算为标幺值）标注在图4-1中。线路配置双重化的RCS系列纵联保护。试完成图中M侧断路器线路保护整定。

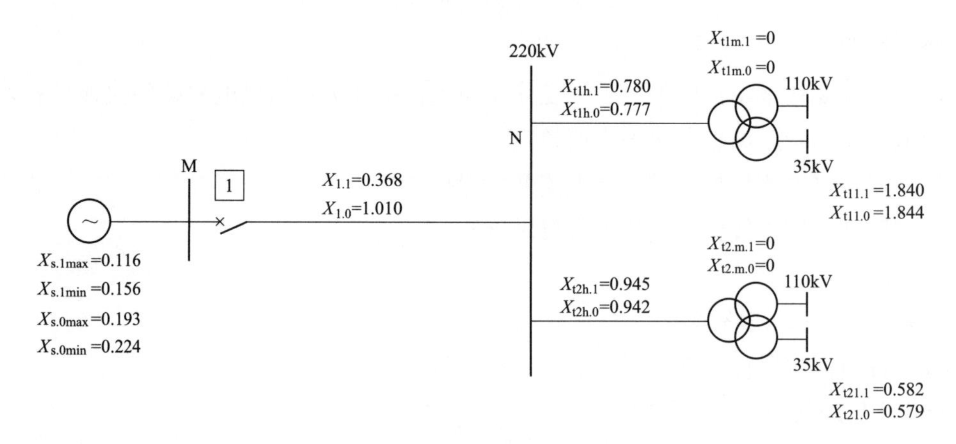

图4-1 整定计算网络等效图

一、整定计算思路

本算例线路两侧均配置有纵联保护，不需考虑以供电侧后备保护作为全线速动保护，故按正常的联络线方式开展整定计算即可。

二、整定计算参数折算

220kV电压标幺参数折算的基准容量1000MVA，基准电压230kV。标幺参数计算结果见图4-1中标注。

三、整定计算过程

（一）接地（相间）距离保护整定

1. 接地（相间）距离Ⅰ段保护

整定原则：躲本线路末端故障。

$$Z_{dz} \leqslant 0.7 \times 0.368 \times 52.9 = 13.63(\Omega)$$

整定计算结果：13Ω，0s。

2. 接地（相间）距离Ⅱ段保护

整定原则1：对本线路末端故障有1.5倍灵敏度。

$$Z_{dz} \geqslant 1.5 \times 0.368 \times 52.9 = 29.2$$

整定原则2：躲变压器110kV母线故障。

$$Z_{dz} \leqslant (0.7 \times 0.368 + 0.7 \times 0.78) \times 52.9 = 42.51(\Omega)$$

依据整定原则1、2，整定计算结果：30Ω，1s。

3. 接地（相间）距离Ⅲ段保护

整定原则1：对本线路末端接地故障有2.0倍灵敏度。

$$Z_{dz} \geqslant 2 \times 0.368 \times 52.9 = 38.9(\Omega)$$

整定原则2：躲线路最大负荷电流（按40℃导线截面积载流量考虑）。

$$Z_{dz} \leqslant 0.7 \times \frac{0.9 \times 220\ 000}{1.732 \times 600} = 133(\Omega)$$

依据整定原则1、2，整定计算结果：40Ω，2s。

（二）超范围工频变化量阻抗保护

整定原则：按线路2倍正序阻抗取值。

$$Z_{dz} = 2 \times 0.368 \times 52.9 = 38.93(\Omega)$$

整定计算结果：40Ω，2s。

（三）零序过电流Ⅲ段保护

整定结果固定取300A，4s。

（四）零序方向比较过电流

首先计算故障零序电流大小

$$X_{1\Sigma\min} = 0.156 + 0.368 = 0.524 \quad X_{0\Sigma\min} = (0.224 + 1.01)//(1.844 + 0.777) = 0.84$$

$$3I_{0\min} = \frac{3 \times 2510}{2 \times 0.84 + 0.524} \times \frac{2.621}{1.234 + 2.621} = 2323.9(\text{A})$$

整定原则：按对线路末端接地故障有2倍灵敏度。

$$I_{dz} \leqslant \frac{2323.9}{2} = 1162(\text{A})$$

整定计算结果：800A。

（五）工频变化量阻抗保护

整定原则：按线路0.8倍正序阻抗取值。

$$Z_{dz} \geqslant 0.8 \times 0.368 \times 52.9 = 15.57(\Omega)$$

整定计算结果：16Ω。

（六）TV断线零序过电流保护

取零序方向比较过电流定值，整定计算结果：800A。

（七）TV断线相过电流保护

整定原则1：按对本线路末端故障有2倍灵敏度。

$$I_{dz} \leqslant \frac{0.866 \times 2510}{2 \times 0.524} = 2074(A)$$

整定原则2：按躲本线路最大负荷电流整定（220MVA）。

$$I_{dz} \geqslant \frac{1.25 \times 220\,000}{0.85 \times 220 \times \sqrt{3}} = 849(A)$$

依据整定原则1、2，整定计算结果：1500A，1.0s。

（八）振荡闭锁过电流保护

整定原则：按躲最大负荷电流（220MVA）考虑。

$$I_{dz} \geqslant \frac{1.25 \times 220\,000}{0.85 \times 220 \times \sqrt{3}} = 849(A)$$

整定计算结果：2000A。

（九）四边形距离元件阻抗

整定原则：按1.3倍线路正序阻抗整定。

$$Z_{zd} \geqslant 1.3 \times 0.368 \times 52.9 = 25.31(\Omega)$$

整定计算结果：26Ω。

【算例2】 某110kV系统电网结构如图4-2所示，相关参数见图4-2中标注，线路MN、NP最大负荷电流600A，试完成断路器1的保护整定计算。

一、整定计算思路

由于110kV系统以单侧供电方式为主，如整定对象为终端线路，则仅需考虑与上级线路的配合关系；如整定对象为联络线路，则需同时考虑与上下级线路的配合关系；因此，为完成断路器1的保护整定，依次需先完成断路器3、断路器2的保护整定。

二、整定计算参数折算

110kV电压标幺参数折算的基准容量1000MVA，基准电压115kV。标幺参数计算结果见图4-2中标注，变压器标幺参数折算至110kV侧。

三、整定计算过程

（一）断路器2的保护整定

1. 接地（相间）距离保护

（1）接地（相间）距离Ⅰ段保护。

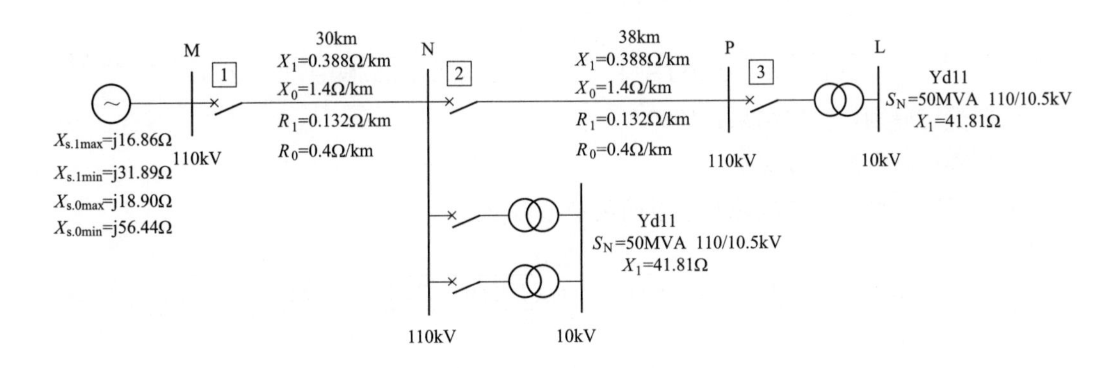

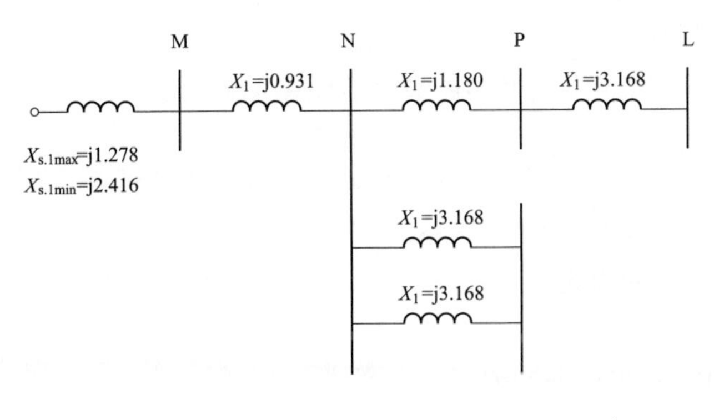

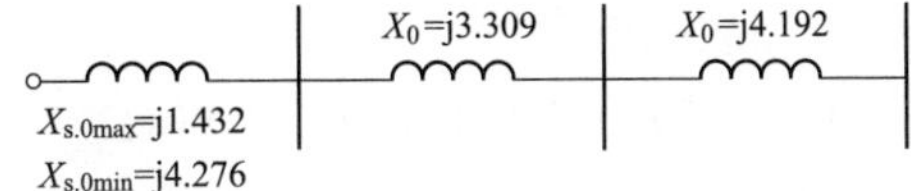

图 4-2 整定计算一次系统网络结构及等效图

整定原则：按可靠躲本线末端故障整定。

$$Z_{dz}^{\mathrm{I}} \leqslant 0.7 \times (1.180 \times 13.2) = 10.90(\Omega)$$

依据整定原则，整定结果：10Ω，0s。

(2) 接地（相间）距离Ⅱ段保护。

整定原则：按本线路末端接地故障有足够灵敏度整定。

$$Z_{dz}^{\mathrm{II}} \geqslant 1.4 \times (1.180 \times 13.2) = 21.8(\Omega)$$

依据整定原则，整定结果：24Ω，0.3s。

(3) 接地（相间）距离Ⅲ段保护。

整定原则：按躲线路最小负荷阻抗整定。

$$Z_{dz}^{\mathrm{III}} \leqslant 0.7 \times \left(\frac{0.9 \times 110}{1.732 \times 0.6}\right) = 66.68(\Omega)$$

依据整定原则，整定结果：66Ω，3s。

2. 零序过电流保护

(1) 零序过电流Ⅰ段保护。

整定原则：按躲线路末端故障最大零序电流整定。

$$I_{0dz}^{I} \leqslant 1.3 \times \frac{3 \times 5020}{[2 \times (1.278 + 0.931 + 1.180) + (1.432 + 3.309 + 4.192)]} = 1246(A)$$

依据整定原则，整定结果：1300A，0s。

（2）零序过电流Ⅱ段保护。

整定原则：按对线路故障有规定的灵敏系数整定。

$$I_{0dz}^{II} \leqslant \frac{\dfrac{3 \times 5020}{[(2.416 + 0.931 + 1.180) + 2 \times (4.276 + 3.309 + 4.192)]}}{1.4} = 383(A)$$

依据整定原则，整定结果：360A，0.3s。

（3）零序过流Ⅲ段保护。

整定原则：躲变压器其他侧三相短路最大不平衡电流整定。

$$I_{0dz}^{III} \geqslant 1.25 \times 0.1 \times \frac{5020}{1.278 + 0.931 + 1.180 + 3.168} = 96(A)$$

依据整定原则，整定结果 200A，2.4s。

（二）断路器 1 的保护整定

1. 接地（相间）距离保护

（1）接地（相间）距离Ⅰ段保护。

整定原则：按可靠躲本线末端故障整定。

$$Z_{dz}^{I} = 0.7 \times (0.931 \times 13.2) = 8.60(\Omega)$$

依据整定原则，整定结果 8Ω，0s。

（2）接地（相间）距离Ⅱ段保护。

整定原则 1：按本线路末端接地故障有足够灵敏度整定。

$$Z_{dz}^{II} \geqslant 1.4 \times (0.931 \times 13.2) = 17.2(\Omega)$$

$$t = 0.3s$$

整定原则 2：按与断路器 2 距离Ⅰ段保护配合整定。

$$Z_{dz}^{II} \leqslant 0.7 \times (0.931 \times 13.2) + 0.7 \times 10 = 15.6(\Omega)$$

$$t = 0.3s$$

整定原则 3：与断路器 2 距离Ⅱ段保护配合整定。

$$Z_{dz}^{II} \leqslant 0.7 \times (0.931 \times 13.2) + 0.7 \times 24 = 25.6(\Omega)$$

$$t = 0.3s + \Delta t = 0.6s$$

依据整定原则 1、2、3，整定结果：24Ω，0.6s。

（3）接地（相间）距离Ⅲ段保护。

整定原则 1：按与断路器 2 距离Ⅲ段保护配合整定。

$$Z_{dz}^{III} \leqslant 0.7 \times (0.931 \times 13.2) + 0.7 \times 66 = 54.8(\Omega)$$

$$t = 3s + 0.3s = 3.3s$$

整定原则 2：校核对线路 BC 的远后备灵敏度。

$$k_{\mathrm{lm}}=50/[(0.931+1.18)\times 13.2]=1.79>1.2$$

依据整定原则1、2，整定结果：50Ω，1.5s。

2. 零序过电流保护

(1) 零序过电流Ⅰ段保护。

整定原则：按躲线路末端故障最大零序电流整定。

$$I_{0\mathrm{dz}}^{\mathrm{I}}\geqslant 1.3\times\frac{3\times 5020}{2\times(1.278+0.931)+(1.432+3.309)}=2137(\mathrm{A})$$

依据整定原则，整定结果：2200A，0s。

(2) 零序过电流Ⅱ段保护。

整定原则1：按对线路故障有规定的灵敏系数整定。

$$I_{0\mathrm{dz}}^{\mathrm{II}}\leqslant\frac{\dfrac{3\times 5020}{(2.416+0.931)+2\times(4.276+3.309)}}{1.4}=581(\mathrm{A})$$

$$t=0.3\mathrm{s}$$

整定原则2：按与断路器2的零序过电流Ⅰ段保护配合整定。

$$I_{0\mathrm{dz}}^{\mathrm{II}}\geqslant 1.15\times 360=414(\mathrm{A})$$

$$t=0.3\mathrm{s}+0.3\mathrm{s}=0.6\mathrm{s}$$

依据整定原则，整定结果：540A，0.6s。

(3) 零序过电流Ⅲ段保护。

整定原则1：按与断路器2零序Ⅱ段保护配合整定。

$$I_{0\mathrm{dz}}^{\mathrm{III}}\leqslant 1.15\times 200=230(\mathrm{A})$$

$$t=2.4\mathrm{s}+0.3\mathrm{s}=2.7\mathrm{s}$$

整定原则2：躲变压器其他侧三相短路最大不平衡电流整定。

$$I_{0\mathrm{dz}}^{\mathrm{III}}\geqslant 1.25\times 0.1\times\frac{5020}{1.278+0.931+3.168}=117(\mathrm{A})$$

依据整定原则，整定结果：300A，2.7s。

3. TV断线过电流保护

TV断线过电流保护整定原则1：按对本线路末端故障有规定的灵敏系数整定。

$$I_{\mathrm{dz}}^{\mathrm{II}}\leqslant\frac{5020}{2.416+0.931}/1.5=999(\mathrm{A})$$

依据整定原则，整定结果1000A，0.3s。

整定原则2：按躲本线路最大负荷电流整定。

$$I_{\mathrm{dz}}^{\mathrm{III}}\geqslant\frac{1.25}{0.85}\times 600=882(\mathrm{A})$$

依据整定原则，整定结果900A，0.3s。

【算例3】 某220kV牵引变电站线路正序、零序阻抗如图4-3所示，相关参数已折算为标幺值，见图4-3中标注。断路器1配置有双重化的线路保护（牵引供电线路特殊

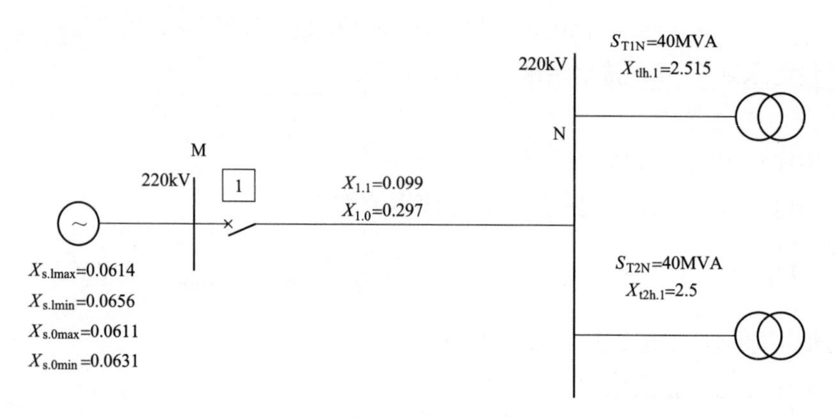

图 4-3　整定计算网络等效图

版本)，保护配置为纯后备式保护，即阶段式相间距离、接地距离及零序保护。

整定计算过程如下：

一、相间（接地）距离保护

1. 相间（接地）距离Ⅰ段保护

整定原则 1：对本线路末端接地故障有 1.5 倍灵敏度。

$$Z_{dz}^{\mathrm{I}} \geqslant 1.5 \times 0.099 \times 52.9 = 7.86(\Omega)$$

整定原则 2：具备一定的抗过渡电阻能力。

$$Z_{dz}^{\mathrm{I}} \geqslant 10\Omega$$

依据整定原则 1、2，整定结果：10Ω，0s。

2. 相间（接地）距离Ⅱ段保护

整定原则 1：对本线路末端接地故障有 2 倍灵敏度。

$$Z_{dz}^{\mathrm{II}} \geqslant 2 \times 0.099 \times 52.9 = 10.47(\Omega)$$

整定原则 2：不小于接地距离Ⅰ段保护定值。

$$Z_{dz}^{\mathrm{II}} \geqslant Z_{dz}^{\mathrm{I}} = 10\Omega$$

整定原则 3：躲变压器其他侧母线故障。

$$Z_{dz}^{\mathrm{II}} \leqslant (0.7 \times 0.099 + 0.7 \times 2.5)/3 \times 52.9 = 30.93(\Omega)$$

依据整定原则 1、2、3，整定结果：20Ω，1s。

3. 相间（接地）距离Ⅲ段保护

整定原则 1：按对本线路末端接地故障有 3 倍灵敏度整定。

$$Z_{dz}^{\mathrm{III}} \geqslant 3 \times 0.099 \times 52.9 = 15.71(\Omega)$$

整定原则 2：按躲最大负荷电流，按线路最大载流量 600A 计算。

$$Z_{dz}^{\mathrm{III}} \leqslant 0.7 \times 0.9 \times 220/(1.732 \times 0.6) = 133(\Omega)$$

整定原则 3：不小于接地距离Ⅱ段保护定值。

$$Z_{dz}^{\mathrm{III}} \geqslant Z_{dz}^{\mathrm{II}} = 20\Omega$$

依据整定原则 1、2、3，整定结果：30Ω，2s。

二、零序过电流保护

零序过电流Ⅱ段保护：

整定原则：按本线路末端故障有灵敏度整定。

$I_{dz}^{II} \leqslant I_{0dmin}/k_{lm} = 8510/1.5 = 5674A$

整定结果：2400A，0.2s。

零序过电流Ⅲ段保护固定取300A、3s。

三、TV断线相过流保护

整定原则1：按对本线路末端故障有灵敏度整定。

$$I_{dz} \leqslant I_{dmin}^{(2)}/k_{lm} \leqslant 13\ 206/1.5 = 8804A$$

整定原则2：按躲本线路最大负荷电流整定。

$$I_{dz} \geqslant \frac{k_k}{k_f} I_{fhmax} \geqslant 1000A$$

依据整定原则1、2，整定结果：1200A，1s。

本　章　小　结

本章详细介绍了地县调管范围内线路保护的整定计算，包含220kV终端馈线、110、35、10kV及牵引供电线路的保护整定。

在各类型线路保护的整定计算叙述中，以新版“六统一”继电保护标准化设计规范为主，兼顾目前已在网运行线路保护的整定计算。在具体某项保护定值或保护功能的整定计算原则描述中，基本上按照相关规程规定罗列出全部需遵循的原则。与此同时，不同的工程场合应用的原则也有所不同，实际工作中应熟练掌握和明确，以防用错原则，导致“误整定”事件发生。此外，由于110kV及以下线路保护涉及与变压器保护的配合，在学习本章部分内容时，应结合变压器保护章节内容，彼此衔接，更易理解和应用。

线路保护投入重合闸对提高供电可靠性、保持电网结构完整性是有利的，但在重合于故障时却给电网设备造成二次冲击，是一枚硬币的两面。因此，整定计算专业人员应熟悉其投退原则，做到心中有数，特别是发电厂并网线路、用户专线及牵引供电线路，应遵照用户需求投入或退出重合闸。

第5章　母　线　保　护

5.1　220kV终端变压器母线

5.1.1　保护配置

按照“六统一”继电保护标准化设计规范，220kV母线（含双母线、单母线、双母双分段、双母单分段等各种接线型式）应配置双套含失灵保护功能的母线保护，每套线路保护及变压器保护各启动一套失灵保护。

220kV母线保护通常包含母线差动保护、断路器失灵保护、母联相关保护，母联相关保护主要包括母联失灵、母联死区、母联充电保护、母联过电流（零序过电流）保护等功能。

5.1.2　整定计算原则

（1）母线差动保护。

1）差动保护启动电流定值。

整定原则1：躲过最大负荷时的不平衡电流。

$$I_{cdqd} \geqslant k_k(k_{er}+k_2+k_3)I_{fhmax} \tag{5-1}$$

整定原则2：按连接母线的最小故障类型有灵敏度整定。

$$I_{cdqd} \leqslant I_{dmin}/k_{lm} \tag{5-2}$$

整定原则3：尽可能躲过任一元件电流回路断线时由负荷电流引起的最大差电流。

$$I_{cdqd} \geqslant k_k I_{fhmax} \tag{5-3}$$

整定原则4：可靠躲过母线区外故障的最大不平衡电流。

变量说明：式（5-1）中k_k取1.5～2，式（5-3）中k_k取1.1～1.3；k_{er}为各元件TA的相对误差，取0.06（10P级TA）；k_2为保护装置通道传输及调整误差，取0.1；k_3为外部故障切除瞬间各侧TA暂态特性不同产生的误差，取0.1；k_{lm}取值不小于1.5，比率制动原理的母线差动保护灵敏系数取值不小于2。

原则分析：对不带比率制动的母线保护按原则2、3、4取值。对带比率制动特性的母线保护启动电流整定应按原则1、2、3取值；原则1、2优先，如灵敏系数小于2，可适当降低原则3门槛条件。

2）TA断线告警定值。

整定原则1：躲过正常运行时最大不平衡电流。

原则分析：母线保护通常基于计算母线所连接全部支路的和电流实现区内、区外故障判别，一旦发生某回支路（除母联支路外）TA 断线，如不加以识别，在系统发生故障时极易引发保护误动；因此，母线保护均设置 TA 断线告警定值，超过该定值门槛，装置即报 TA 断线告警。整定时应综合考虑母线保护装置定值适应性、系统最大不平衡电流等多重因素，一般按厂家说明书推荐原则整定即可。

3）TA 断线闭锁定值。

整定原则：躲过正常运行时最大不平衡电流，一般可整定为电流互感器额定电流的 10％。

原则分析：与 TA 断线告警定值类似，当 TA 断线闭锁定值达到门槛条件时，母线保护装置为防止保护误动闭锁差动保护功能。该定值不应小于 TA 断线告警定值，一般按厂家说明书推荐原则整定即可。按照新版“六统一”继电保护标准化设计规范，微机母线保护发生 TA 断线后固定闭锁差动保护。

（2）断路器失灵保护。

1）断路器失灵保护电流判别元件。

整定原则 1：变压器低压侧故障时有足够灵敏度整定。

$$I_{dz} \leqslant I_{dmin}/k_{lm} \tag{5-4}$$

整定原则 2：躲正常运行时最大负荷电流。

$$I_{dz} \geqslant k_{k} I_{fhmax} \tag{5-5}$$

整定原则 3：负序电流和零序电流判别元件定值应躲过所有支路最大不平衡电流。

变量说明：k_{lm}取 1.3；k_{k} 取 1.3～1.5。

原则分析：一般情况下，当整定原则 1 和原则 2 有冲突时，应当保证其灵敏性，确保变压器故障高压侧断路器失灵时失灵保护能可靠动作。

动作时间：按照稳定计算校核结果确定动作时间，建议取 0.2s。

2）失灵保护复合电压定值。断路器失灵保护的复合电压元件包含低电压元件、负序电压元件和零序电压元件。

整定原则 1：低电压元件应保证与本母线相连的任一线路末端和任一变压器低压侧发生短路故障时有足够灵敏度。在母线最低运行电压下不动作，而在切除故障后能可靠返回。对变压器低压侧故障灵敏度不够时，应通过解除复压闭锁解决。

整定原则 2：负序电压、零序电压元件应保证与本母线相连的任一线路末端和任一变压器低压侧发生短路故障时有足够灵敏度，同时可靠躲过正常情况下的不平衡电压。

原则分析：对于低电压元件的整定计算，应首先明确装置内部低电压计算是以相电压还是线电压为基准，对于符合“六统一”继电保护标准化设计规范的微机母线保护装置，均以相电压为基准，工程中通常相电压取 40V、负序电压取 4V，零序电压取 6V。当母线连接有牵引站等负荷频繁剧烈变化的支路，可考虑适当提高负序电压值，避免装置频繁启动。

（3）母联失灵电流。

整定原则 1：按母线故障时流过母联的最小故障电流有灵敏度整定，应考虑母差保护动作后系统变化对流经母联断路器故障电流的影响。

$$I_{dz} \leqslant I_{dmin}/k_{lm} \tag{5-6}$$

整定原则 2：躲正常运行最大负荷电流。

$$I_{dz} \geqslant k_k I_{fhmax} \tag{5-7}$$

变量说明：k_{lm}取值不小于 2；k_k 取 1.3～1.5。

原则分析：断路器失灵保护相电流判别元件整定主要应当保证其灵敏性，确保母联断路器失灵时能够可靠动作。

动作时间：按断路器失灵保护时间类似处理，建议取 0.2s。

（4）母联充电保护（母联过电流Ⅰ段）定值。

整定原则：按最小运行方式下被充电母线故障有灵敏度整定。

$$I_{dz} \leqslant I_{dmin}/k_{lm} \tag{5-8}$$

变量说明：k_{lm}取值不小于 2。

原则分析：按照“六统一”继电保护标准化设计规范，母线保护应能自动识别母联（分段）的充电状态，合闸于死区故障时，应瞬时跳母联（分段），不应误切除运行母线。

对于 220kV 智能站，母联（分段）开关均配置有双套母联（分段）独立过电流保护，故母线保护可不含母联（分段）充电过电流保护功能，也即不考虑此项定值。而对于常规变电站，母线保护一般包含母联（分段）充电过电流保护功能，且仅在空充母线过程中使用。

对于充电时间定值，一般要求为 0s，但部分母线保护装置的整定下限为 0.01s。

（5）母联过电流保护（母联过电流Ⅱ段）定值。

整定原则 1：按线路末端或变压器低压侧故障时有灵敏度整定。

$$I_{dz} \leqslant I_{dmin}/k_{lm} \tag{5-9}$$

整定原则 2：躲线路或变压器最大负荷电流。

$$I_{dz} \geqslant k_k I_{fhmax} \tag{5-10}$$

变量说明：k_{lm}取值不小于 1.5；k_k 取 1.3～1.5。

原则分析：母联过电流保护一般仅作为新设备或设备经技改大修后启动送电过程中的临时保护使用，当线路或变压器启动送电时，投入母联过电流保护作为试验设备的后备保护，其定值根据当时电网运行方式计算，正常运行方式下该保护功能应退出。

（6）母联零序过电流保护定值。

整定原则：按线路末端或变压器中压侧故障时有灵敏度整定。

$$I_{0dz} \leqslant I_{dmin}/k_{lm} \tag{5-11}$$

变量说明：k_{lm}取值不小于 1.5。

原则分析：母联零序过电流保护与母联过电流保护类似，也仅作为临时保护与母联过电流保护配合使用，其定值计算同样以当时电网运行方式为基础，正常运行方式下保护功能也应退出。

5.1.3　整定计算方式选择

（1）系统运行方式选择。

1）最大运行方式选择：以220kV系统最大运行方式为基础，地区小电厂发电机组全部投运，220kV变电站全接线运行，220kV变压器中低压侧分列运行。

2）最小运行方式选择：以220kV系统最小运行方式为基础，当220kV系统只有一路电源时，以系统最小运行方式为准；当220kV系统有两路或者三路电源（不存在同杆并架双回线）时，最小运行方式按N-1方式考虑；当220kV系统有三路（存在同杆并架双回线）或四路及以上电源时，最小运行方式按N-2方式考虑；220kV变压器中低压侧分列运行。

（2）变压器中性点接地方式选择。

1）当220kV终端变电站有且仅有1台变压器时，按高压侧和中压侧中性点直接接地考虑。

2）当220kV终端变电站有2台变压器时，如均为自耦变压器，则按高压侧、中压侧中性点直接接地考虑；除全部为自耦变压器外，对于高压侧，一般只允许有一个接地点；而中压侧由于分列运行，一般均按直接接地考虑。

3）当220kV终端变电站有3台及以上变压器时，如均为自耦变压器，则按高压侧、中压侧中性点直接接地考虑；除全部为自耦变压器外，对于高压侧，一般只允许有两个接地点；而中压侧由于分列运行，一般均按直接接地考虑。

5.2　110kV　母　线

5.2.1　保护配置

按照“六统一”继电保护标准化设计规范，110kV双母线接线（含双母单分段接线）应配置一套母线保护；双母线双分段应配置两套母线保护；单母分段接线可配置一套母线保护。

5.2.2　整定计算原则

对于110kV母线保护整定，绝大部分定值整定原则可参照220kV母线保护部分内容；此处仅给出应遵循原则描述，省略公式。

（1）差电流启动元件整定。

整定原则1：躲最大负荷时的不平衡电流。

整定原则2：按连接母线的最小故障类型有2倍灵敏度整定。

整定原则3：按躲变压器支路电流二次回路断线时引起的最大差电流整定。

整定原则4：一般按变压器110kV侧额定电流的1.5倍取值，同时校验应有2倍以上的灵敏度。

（2）母联（分段）失灵保护整定。

110kV 母联（分段）断路器一般为三相机械连动式操动机构，不考虑 110kV 母联（分段）三相失灵，故母联（分段）失灵保护功能停用。

（3）TA 断线告警定值。

整定原则：躲过正常运行时最大不平衡电流。

（4）TA 断线闭锁定值。

整定原则：整定为电流互感器额定电流的 10%。

（5）母联充电保护（母联过电流Ⅰ段）整定。

整定原则 1：按母线短路故障时有足够灵敏度整定。

整定原则 2：实际工程通例，可参考母差保护的差动启动电流整定。

（6）母联过电流保护（母联过电流Ⅱ段）整定。

整定原则 1：按小方式 110kV 线路末端故障有足够灵敏度整定。

整定原则 2：躲 110kV 线路最大负荷电流。

整定原则 3：与主变压器 110kV 侧过电流Ⅰ段保护配合。

动作时间：0.2s。

（7）母联零序过电流保护整定。

整定原则 1：按小方式 110kV 线路末端故障有足够灵敏度整定。

整定原则 2：与主变压器 110kV 侧零序过电流Ⅰ段保护配合。

动作时间：0.2s。

5.2.3 整定计算方式选择

（1）系统运行方式选择。110kV 系统从可靠性与安全性考虑，其运行方式比较灵活，一般由运行方式专业人员根据电网实际情况确定。110kV 母线大、小方式阻抗计算分别取 220kV 系统大、小方式经运行变压器阻抗叠加后计算得到 110kV 母线大、小方式阻抗，或以运方专业提供的系统运行方式为基础，从供电电源点开始（220kV 变电站的 110kV 侧母线），取 110kV 母线侧最大、最小运行方式，并依次叠加 110kV 线路阻抗；比较多种运行方式下阻抗值的大小；以阻抗取值最小的作为系统最大运行方式，以阻抗取值值大的作为系统最小运行方式。

由于正序等效回路不受变压器中性点接地方式影响，计算较为简单；但计算零序最大、最小阻抗时由于接地点组合方式不同，计算结果差异较大。

（2）变压器中性点接地方式选择。

1）在计算 220kV 变电站 110kV 母线最大、最小运行方式时，220kV 变压器的接地方式安排参照 220kV 终端变电站母线保护整定计算过程中变压器接地方式。

2）在计算其他 110kV 母线最大、最小运行方式时，110kV 变压器的接地方式安排参照 110kV 线路保护整定计算过程中变压器接地方式。

5.3　35（10）kV 母线

5.3.1　保护配置

变压器 35(10)kV 侧母线一般未配置母线保护，当变压器中低压侧 35(10)kV 母线发生永久性故障时，由于变压器中低压侧后备保护切除故障时间较长，容易烧毁变压器或母线设备；因此，按照“六统一”继电保护标准化设计规范，变压器 35(10)kV 侧母线可配置一套简易母线保护装置，可显著缩短变压器中低压侧母线故障切除时间。

35(10)kV 简易母线保护配置一段过电流保护，保护动作后跳开变压器低压侧断路器和母联（分段）断路器。

5.3.2　整定计算原则

过电流定值整定如下。

整定原则 1：躲变压器 35(10)kV 侧最大负荷电流。

$$I_{dz} \geqslant k_k I_{fhmax} \tag{5-12}$$

变量说明：k_k 取 1.5～1.8。

整定原则 2：按母线最小故障类型有灵敏度整定。

$$I_{dz} \leqslant I_{dmin}/k_{lm} \tag{5-13}$$

变量说明：k_{lm}取值不小于 2。

动作时间：一般取 0.3s。

若 35(10)kV 母线配置常规母线保护，其各项电流定值的整定原则与 220kV 和 110kV 母线保护相类似处理。

5.3.3　整定计算方式选择

(1) 系统运行方式选择。以运行方式专业人员提供的系统运行方式为基础，35(10)kV母线大、小方式计算分别取 220(110)kV 系统大、小方式经运行变压器阻抗叠加后计算得到 35(10)kV 母线大、小方式阻抗，或以运方专业提供的系统运行方式为基础，从供电电源点开始（220kV 或 110kV 变电站的 35kV 或 10kV 侧母线），取 35(10)kV 母线侧最大、最小运行方式，并依次叠加 35(10)kV 线路阻抗；比较多种运行方式下阻抗值的大小；以阻抗取值最小的作为系统最大运行方式，以阻抗取值值大的作为系统最小运行方式。

(2) 变压器中性点接地方式选择。由于 35kV(10kV)均为小电流接地系统，故在计算系统最大、最小运行方式时不需考虑变压器中性点不同接地方式。

5.4 算 例 分 析

【算例】 某220kV终端变电站220kV侧母线为双母线接线，110kV侧为双母线接线，35kV侧单母分段接线。站内配置两台180MVA变压器，其中1号变压器为三绕组变压器，2号变压器为自耦变压器，两台变压器高压侧并列、中低压分列运行。220kV所有支路断路器TA变比均为1200/5。220kV母线配置双重化的比率制动式母线差动保护。整定计算网络接线图及等值图见图5-1。试进行220kV母线保护定值整定。

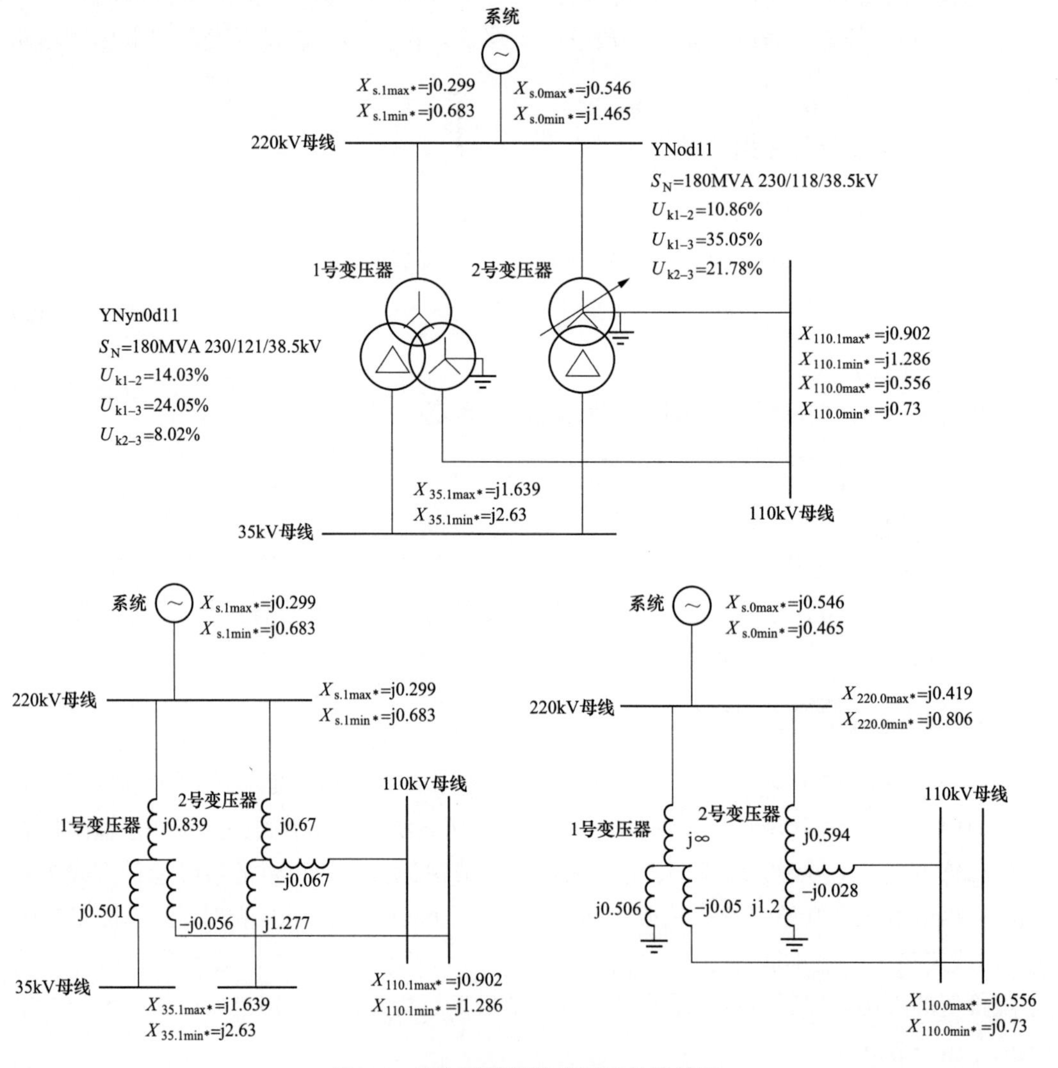

图5-1 整定计算网络接线图及等效图

一、整定计算思路

对于母差保护的整定计算，由于不涉及与其他元件保护的配合，整定计算相对较为简单。首先，根据收集到的相关基础参数，完成参数标幺化折算；其次，根据变压器接地运行方式（多台主变压器时应考虑不同组合），绘制正序、零序等效阻抗图；计算母线大、小方式下最大、最小短路电流，并完成保护整定计算。

二、整定计算参数折算

220kV 电压等级标幺参数折算的基准容量 1000MVA，基准电压 230kV，变压器各侧参数折算至 220kV 侧，计算结果见图 5-1 中标注。根据参数折算和系统大小方式，220kV 侧母线短路电流计算结果如表 5-1 所示。

表 5-1　220kV 侧母线短路电流计算结果　A

短路电流 系统大小方式	三相短路电流	两相短路电流	单相短路电流
220kV 母线大方式	8395	7270	7407
220kV 母线小方式	3675	3182	3467

三、整定计算过程

（一）差电流启动元件

整定原则 1：躲过最大负荷时的不平衡电流。

$$I_{cdqd} \geqslant k_k(k_{er}+k_2+k_3)I_{fhmax}=2\times(0.06+0.1+0.1)\times 1200=624(A)$$

整定原则 2：按母线最小故障类型有灵敏度整定。

$$I_{cdqd} \leqslant I_{dmin}/k_{lm}=3182/2=1591(A)$$

整定原则 3：按躲过任一元件电流回路断线时由负荷电流引起的最大差电流（终端变按线路最大负荷电流 600A 计算）。

$$I_{cdqd} \geqslant k_k I_{fhmax}=1.2\times 600=720(A)$$

依据整定原则 1、2、3，整定计算结果：800A。

（二）TA 断线告警

220kV 各支路变比均为 1200/5，一次值小于 2000A，TA 断线告警定值取 150A。

（三）TA 断线闭锁

TA 断线闭锁定值不应小于 TA 断线告警定值，综合考虑电流互感器额定电流、系统最大不平衡电流等多重因素，取 250A。

（四）220kV 线路（变压器高压侧）失灵保护

按照国家电网公司“六统一”继电保护标准化设计规范，断路器失灵保护功能由母线保护实现，线路支路采用相电流、零序电流（或负序电流）“与门”逻辑；变压器支路采用相电流、零序电流、负序电流“或门”逻辑；所有支路共用“零序电流”“负序电流”定值；线路支路失灵“相电流”定值采用装置内部固化的有流门槛值，各变压器支路共用失灵“相电流”定值。

1. 相电流判别元件

首先计算系统小方式下2号变压器低压侧故障高压侧最小短路电流和变压器高压侧最大负荷电流

$$I_{dmin}^{(2)}=2510/2.63=954(A)$$

$$I_{fhmax}=180\ 000/\sqrt{3}/230=451(A)$$

整定原则1：按本变压器低压侧故障时有足够灵敏度整定。

$$I_{dz}\leqslant I_{dmin}/k_{lm}=954/1.3=734(A)$$

整定原则2：躲正常运行最大负荷电流。

$$I_{dz}\geqslant k_{k}I_{fhmax}=1.4\times 451=631(A)$$

依据整定原则1、2，整定计算结果：700A。

2. 负序电流判别元件

首先计算系统小方式下变压器低压侧故障高压侧最小负序电流

$$I_{2min}\leqslant 2510/(2\times 2.63)=477(A)$$

整定原则1：按本变压器低压侧故障时有足够灵敏度整定。

$$I_{2dz}\leqslant I_{2min}/k_{lm}=477/1.3=367(A)$$

整定原则2：负序电流判别元件定值应躲过所有支路最大不平衡电流。

$$I_{2dz}\geqslant k_{k}I_{fhmax}=0.15\times 1200=180(A)$$

依据整定原则1、2，整定计算结果：300A。

3. 零序电流判别元件

首先计算系统小方式下变压器中压侧故障高压侧最小零序电流（因35kV侧为不接地系统，无零序通路，故不考虑其单相接地故障）

$$3I_{0min}\leqslant 3\times 2510/(2\times 1.286+0.616)\times 1.2/(1.2+1.465+0.594)=870(A)$$

整定原则1：按本变压器中压侧故障时有足够灵敏度整定。

$$I_{0dz}\leqslant 3I_{0min}/k_{lm}=870/1.3=669(A)$$

整定原则2：零序电流判别元件定值应躲过所有支路最大不平衡电流。

$$I_{0dz}\geqslant k_{k}I_{fhmax}=0.15\times 1200=180(A)$$

依据整定原则1、2，整定计算结果：400A。

4. 失灵保护复合电压元件

按照厂家说明书取值即可。低电压（相电压）整定为40V，负序电压整定4V，零序电压（直接接地系统）整定6V。

（五）母联失灵电流保护

整定原则：按母线故障流过母联最小故障电流有灵敏度整定。

$$I_{dz}\leqslant I_{dmin}/k_{lm}=3182/2=1591(A)$$

依据整定原则，整定计算结果：1000A，时间固定取0.2s。

（六）母联充电保护（母联过电流Ⅰ段保护）

整定原则：按母线短路故障时有足够灵敏度整定。

$$I_{dz}\leqslant I_{dmin}/k_{lm}=3182/2=1591(A)$$

依据整定原则，整定结算结果1000A，时间一般取0s，部分母线保护装置的整定下限为0.01s。

本 章 小 结

变电站母线发生故障对电网的冲击远远超过变压器、输电线路等其他一次设备故障，因此，母线保护装置作为变电站母线的保护设备，保证其可靠正确动作对电网运行安全具有重要意义。从这个角度看，母线保护装置整定应重点考虑各种运行方式下保护的灵敏性与可靠性，同时也应防止母线保护装置的误动作。

本章介绍了220、110kV及35(10)kV母线保护的整定计算原则，按照“六统一”继电保护标准化设计规范，不同制造商母线保护装置之间差异极小，这类母线保护的整定计算相对统一且简单。然而，各制造商早期的非“六统一”母线保护装置差异却较大，加之不同制造商不同版本的母线保护装置是否配置母联（分段）充电过电流功能有差异，在整定这类母线保护装置时应仔细核对并严格遵循各条整定计算原则。

第 6 章　电容器与电抗器保护

6.1　35（10kV）电容器

6.1.1　保护配置

按照"六统一"继电保护标准化设计规范，35kV(10kV)电容器保护采用保护、测控一体化装置，功能配置包括：①过电流保护，设置二段，每段 1 个时限，保护动作跳开本断路器；②零序过电流保护，设置二段，每段 1 个时限；③不平衡保护，分为不平衡电流保护、桥式差电流保护、不平衡电压保护、相电压差动保护四种类型；④过电压保护；⑤低电压保护；⑥闭锁简易母线保护功能（可选）。

根据电网运行实际，35kV(10kV)一般为不接地系统，故零序过电流保护不使用，定值可整定为最不灵敏值（电流最大值、时间最大值）、退出独立控制字（若有）等。不平衡保护则根据现场实际选择其中一种功能投入。

6.1.2　整定计算原则

根据相关规程规定精神，推荐电容器元件采用先并后串模式，电容器组安装专用熔断器，不平衡电压保护（相电压差动保护）利用放电 TV 二次线圈构成。电容器过电压按 1.1 倍电容器额定电压限定。

由于桥式差电流保护需电容器每相接成四个桥臂才能使用，相关规程并未明确其整定要求且应用较少，故省略。

(1) 过电流保护。

1) 过电流Ⅰ段保护。

整定原则 1：按躲电容器冲击电流整定。

$$I_{dz}^{\mathrm{I}} \geqslant 5I_{e} \tag{6-1}$$

整定原则 2：对电容器开关出口小方式下两相短路有灵敏度。

$$I_{dz}^{\mathrm{I}} \leqslant \frac{I_{dmin}^{(2)}}{k_{lm}} \tag{6-2}$$

变量说明：k_{lm}取 2。

原则分析：因电容器过电流Ⅰ段保护定值较小，在实际工作中可不校验与主变压器定值的配合关系。

动作时间：$t=0.2$s。

动作跳闸逻辑：跳本电容器组断路器。

2）过电流Ⅱ段保护。

整定原则：按躲最大电容器额定电流整定。

$$I_{dz}^{II} \geqslant 2I_e \tag{6-3}$$

原则分析：因电容器过电流Ⅱ段保护定值也较小，在实际工作中可不校验与主变压器定值的配合关系和灵敏度。

动作时间：$t=0.5$s。

动作跳闸逻辑：跳本电容器组断路器。

（2）过电压保护。

整定原则：按电容器电压不长时间超过 1.1 倍电容器额定电压的原则整定。

$$U_{gy} \leqslant k_V\left(1-\frac{X_l}{X_c}\right)U_e \tag{6-4}$$

变量说明：k_V 取 1.1。

原则分析：因电容器组中串联有电抗器，电容器组实际承受的电压较母线电压高。过电压保护采用的电压二次值为母线电压，故应对其进行换算，以保证电容器组不会长期超过 1.1 倍额定电压，$\frac{X_l}{X_c}$为电容器的电抗比，过电压保护二次值根据计算结果确定。

动作时间：$t=3$s。

动作跳闸逻辑：跳本电容器组断路器。

（3）低电压保护。

整定原则：低电压定值应在电容器所接母线失压后可靠动作，而在母线电压恢复正常后可靠返回。

$$U_{dy}=0.5U_e \tag{6-5}$$

原则分析：低电压保护的动作时间应与本侧出线有全线灵敏度的后备保护配合，若母线有备用电源自投装置，还应与备用电源自投装置的时间相配合。一般情况下，出线故障绝大部分均由过电流Ⅰ、Ⅱ段保护动作，且过电流Ⅲ段保护动作情况下母线电压也难以降到 50V 以下，故仅考虑与出线过电流Ⅱ段保护时间配合。

动作时间：$t=1$s。

动作跳闸逻辑：跳本电容器组断路器。

（4）不平衡保护。

1）不平衡电流保护（双星型接线）。

整定原则 1：部分电容器（或电容器内小电容元件）切除或击穿后，故障相其余电容器（或电容器内小电容元件）所承受的电压不长期超过 1.1 倍额定电压。

$$k=\frac{3NM(k_V-1)}{k_V(3N-2)} \tag{6-6}$$

$$I_0=\frac{3MKI_e}{6N(M-k)+5K} \tag{6-7}$$

$$I_{dz}=\frac{I_0}{k_{lm}} \tag{6-8}$$

整定原则 2：躲正常运行时电容器组中性线流过的最大不平衡电流。

$$I_{dz}\geqslant k_k I_{bpmax} \tag{6-9}$$

变量说明：k_V 取 1.1；N 为单台密集型电容器内部的串联段数或分散式电容器组每相串联段数。M 为单台密集型电容器内部各串联段并联的电容器小元件数或分散式电容器组每相串联段并联台数。K 为因故障切除的同一并联段中的电容器台数，根据计算结果取最接近的整数；I_0 为双星型电容器组中性线不平衡电流计算值；I_e 为双星型电容器组单组电容器额定电流；k_{lm}取 1.2；k_k 取 1.5。

原则分析：整定原则 1 的计算结果是定值上限值，但因不平衡电流值需现场长期运行测量才能获得，故可按其整定。根据《国家电网公司十八项电网重大反事故措施（2012 修订版）》10.2.7.1 条要求采用电容器成套装置及集合式电容器时应由厂家提供保护计算方法和保护整定值。

动作时间：$t=0.2$s

动作跳闸逻辑：跳本电容器组断路器。

2）不平衡电压保护（单星型接线）。

整定原则 1：部分电容器（或电容器内小电容元件）切除或击穿后，故障相其余电容器（或电容器内小电容元件）所承受的电压不长期超过 1.1 倍额定电压。

$$K=\frac{3NM(k_V-1)}{k_V(3N-2)} \tag{6-10}$$

$$U_{ch}=\frac{3KU_{ex}}{3N(M-K)+2K} \tag{6-11}$$

$$U_{dz}=\frac{U_{ch}}{k_{lm}} \tag{6-12}$$

整定原则 2：躲正常运行时电容器组的最大不平衡电压。

$$U_{dz}\geqslant k_k U_{bpmax} \tag{6-13}$$

变量说明：k_V 取 1.1；N、M、K 的含义见不平衡电流保护（双星型接线）部分；U_{ch}为不平衡零序电压计算值；k_{lm}取 1.2；k_k 取 1.5。

原则分析：整定原则 1 计算结果是定值上限值，但因不平衡电压值需现场长期运行测量才能获得，故可按其整定。根据《国家电网公司十八项电网重大反事故措施（2012 修订版）》10.2.7.1 条要求采用电容器成套装置及集合式电容器时应由厂家提供保护计算方法和保护整定值。

动作时间：$t=0.2$s

动作跳闸逻辑：跳本电容器组断路器。

3）相电压差动保护（单星型接线）。由于相电压差动需满足电容器每相有两个及以上的串联段组成，密集式电容器无法采用此种保护。

整定原则 1：按部分单台电容器（或单台电容器内小电容元件）切除或击穿后，故障相其余单台电容器承受的电压不长期超过 1.1 倍额定电压的原则整定。

$$K=\frac{3NM(k_{\mathrm{V}}-1)}{k_{\mathrm{V}}(3N-2)} \tag{6-14}$$

$$\Delta U_{\mathrm{c}}=\frac{3KU_{\mathrm{ex}}}{3N(M-K)+2K} \tag{6-15}$$

$$U_{\mathrm{dz}}=\frac{\Delta U_{\mathrm{c}}}{k_{\mathrm{lm}}} \tag{6-16}$$

整定原则 2：躲正常运行时电容器组的最大不平衡差压。

$$U_{\mathrm{dz}}\geqslant k_{\mathrm{k}}\Delta U_{\mathrm{bpmax}} \tag{6-17}$$

变量说明：k_{V} 取 1.1；N 为分散式电容器组每相每段串联段数。M 为分散式电容器组每相每串联段并联台数。K 为因故障切除的同一并联段中的电容器台数，根据计算结果取最接近的整数；ΔU_{c} 为故障相的故障段与非故障段差压的计算值；k_{LM}取 1.2；k_{k} 取 1.5；$\Delta U_{\mathrm{bpmax}}$电容器组正常运行时最大不平衡差压。

原则分析：整定原则 1 计算结果是定值上限值，但因不平衡电压值需现场长期运行测量才能获得，故可按其整定。根据《国家电网公司十八项电网重大反事故措施（2012 修订版）》10.2.7.1 条要求采用电容器成套装置及集合式电容器时应由厂家提供保护计算方法和保护整定值。

动作时间：t=0.2s。

动作跳闸逻辑：跳本电容器组断路器。

（5）低压闭锁电流定值。为避免母线 TV 断线造成电容器误跳闸，设置低压闭锁电流定值，该定值应躲过电容器正常运行最大不平衡电流，取 0.6 倍电容器额定电流。

6.1.3　整定计算方式选择

以系统最大运行方式为最大运行方式，以系统最小运行方式为最小运行方式。由于不涉及零序保护整定计算，故无需考虑不同方式。

6.2　35（10kV）电抗器

6.2.1　保护配置

按照“六统一”继电保护标准化设计规范，35kV(10kV)电抗器保护采用保护、测控一体化装置，功能配置包括：①过电流保护，设置二段，每段 1 个时限，保护动作跳开本断路器；②零序过电流保护，设置二段，每段 1 个时限；③非电量保护，设 1 路可投退的非电量保护跳闸功能；④过负荷告警，设一段一时限；⑤闭锁简易母线保护功能（可选）。

根据电网运行实际，35kV(10kV)一般为不接地系统，故零序过流保护不使用，定值可整定为最不灵敏值（电流最大值、时间最大值）、退出独立控制字（若有）等。

6.2.2　整定计算原则

（1）过电流保护。

1）过电流Ⅰ段保护。

整定原则1：按躲电抗器励磁涌流整定。

$$I_{dz}^{\mathrm{I}} \geqslant 5I_{e} \tag{6-18}$$

整定原则2：对电抗器开关出口小方式下两相短路故障有灵敏度。

$$I_{dz}^{\mathrm{I}} \leqslant \frac{I_{dmin}^{(2)}}{k_{lm}} \tag{6-19}$$

变量说明：k_{lm}取1.3。

原则分析：按照上述整定原则计算的电抗器过电流Ⅰ段保护定值普遍较小，可不校验与主变压器定值的配合关系。且一般情况下按整定原则1选取的定值均满足整定原则2要求，原则2仅作校核使用。

动作时间：$t_{\mathrm{I}}=0s$。

动作跳闸逻辑：跳本电抗器断路器。

2）过电流Ⅱ段保护。

整定原则：按躲电抗器额定电流整定。

$$I_{dz}^{\mathrm{II}} \geqslant 2I_{e} \tag{6-20}$$

原则分析：因电抗器额定电流较小，可不校核过电流Ⅱ段保护定值与主变压器定值的配合关系及灵敏度。

动作时间：$t_{\mathrm{II}}=0.5s$。

动作跳闸逻辑：跳本电抗器断路器。

（2）过负荷保护。

整定原则：按躲过电抗器额定电流整定。

$$I_{dz}=k_{k}I_{e} \tag{6-21}$$

变量说明：k_{k} 取1.1。

动作时间：$t=10s$。

动作跳闸逻辑：发过负荷信号。

一般情况下，电抗器不会出现过负荷运行状况，故过负荷告警功能可退出，定值可整定为最不灵敏值（电流最大值、时间最大值）、退出独立控制字（若有）等。

（3）非电量保护。电抗器的非电量保护可参照变压器保护部分关于非电量保护的整定原则，对于干式电抗器的非电量保护功能应退出。

6.2.3 整定计算方式选择

以系统最大运行方式为最大运行方式，以系统最小运行方式为最小运行方式。因不涉及零序保护整定计算，故无需考虑不同方式。

6.3 算例分析

【算例1】 某10kV电容器由变电站母线供电，电容器组内部每相由6台单台电容器2串3并组成，每个单台电容器内部为2串20并，共计4串60并；整组电容器额定容量6000kvar；电容器组额定电压$11/\sqrt{3}$kV；电容器额定相电流$I_n=315$A，电抗率6%；母线TV变比10/0.1kV；放电TV变比11/0.1kV，其他参数见图6-1中标注。请对电容器保护进行整定计算。

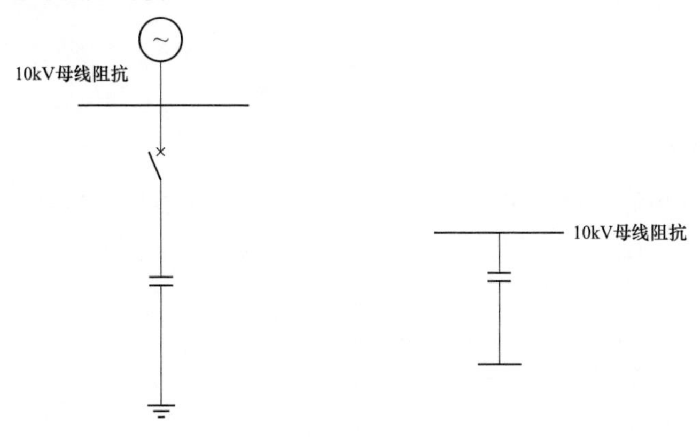

图6-1　一次系统接线图及正序阻抗图

一、整定计算思路

10kV电容器一般配置电流速断保护、过电流保护、不平衡电压保护、过电压保护及低电压保护。整定计算相对较简单，绝大部分定值可采用厂家推荐经验值或默认值。

二、整定计算参数折算

10kV电压标幺参数折算的基准容量为1000MVA，基准电压为10.5kV。电容器组开关出口小方式下两相短路电流为

$$I_{dmin}^{(2)}=\frac{\sqrt{3}}{2}\times\frac{I_B}{X_{min}^*}=\frac{0.866\times 55\,000}{4.136}=11\,516(\mathrm{A})$$

三、整定计算过程

（一）电流速断保护

整定原则1：躲电容器冲击电流整定。

$$I_{dz}^{\mathrm{I}}\geqslant 5I_e=5\times 315=1575(\mathrm{A})$$

整定原则2：对电容器开关出口小方式下两相短路有灵敏度。

$$I_{dz}^{\mathrm{I}}\leqslant\frac{I_{dmin}^{(2)}}{k_{lm}}=\frac{11\,516}{2}=5758(\mathrm{A})$$

根据整定原则1、2，整定计算结果：1600A，0.2s

（二）过电流保护

整定原则：按躲最大电容器额定电流整定。

$$I_{dz}^{\mathrm{II}}\geqslant 2I_e=2\times 315=630(\mathrm{A})$$

整定计算结果：660A，0.5s。

（三）过电压保护

整定原则：按电容器电压不长时间超过 1.1 倍额定电容器额定电压的原则整定。

$$U_{gy} \leqslant k_V\left(1-\frac{X_1}{X_c}\right)U_e = 1.1\times(1-0.6)\times 11 = 11.37(\text{kV}) = 11\ 370(\text{V})$$

$$U_{gy2} \leqslant \frac{1137}{10/0.1} = 113.7(\text{V})$$

整定计算结果：112V，3s（线电压二次值）。

（四）低电压保护

整定原则：在电容器所接母线失压后可靠动作，在母线电压恢复正常后可靠返回。

$$U_{dy} = 0.5U_e = 0.5\times 11 = 5.5(\text{kV}) = 5500(\text{V})$$

$$U_{dy2} \leqslant \frac{5500}{10/0.1} = 55(\text{V})$$

整定计算结果：50V，1s（线电压二次值）

（五）不平衡电压保护

$$K = \frac{3NM(k_V-1)}{k_V(3N-2)} = \frac{3\times 4\times 60\times(1.1-1)}{1.1\times(3\times 4-2)} = 6.55(\text{台})，取 K 为 7 台$$

$$U_{ch} = \frac{3KU_{ex}}{3N(M-K)+2K} = \frac{3\times 7\times 11/\sqrt{3}}{3\times 4\times(60-7)+2\times 7} = 0.205(\text{kV}) = 205(\text{V})$$

$$U_{ch2} = \frac{205}{11/0.1} = 1.87(\text{V})$$

$$U_{dz} \leqslant \frac{U_{ch2}}{k_{lm}} = \frac{1.87}{1.2} = 1.56(\text{V})$$

整定计算结果：1.5V，0.2s（不平衡电压二次值）。

【算例 2】 某 35kV 电抗器由变电站母线供电，电抗器型号为 BKK-20000/35；额定电流为 1004A；电抗值为 19.8Ω。一次系统接线图及正序阻抗如图 6-2 所示。请对电抗器保护进行整定计算。

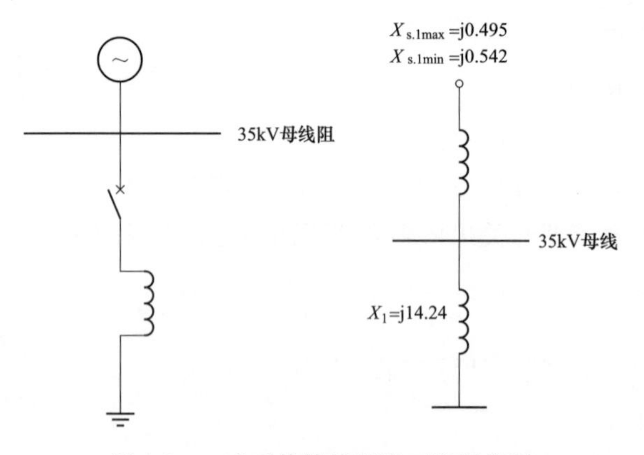

图 6-2 一次系统接线图及正序阻抗图

一、整定计算思路

电抗器保护一般还有电流速断保护、过电流Ⅰ段保护及过负荷保护功能。各段保护之间相对独立，在实际计算中可不考虑与其他保护之间的配合关系，保护时间则采用固定值。

二、整定计算参数折算

35kV系统标幺参数的基准容量为1000MVA，基准电压为37kV。电抗器短路阻抗标幺值为

$$X_{R}^{*}=\frac{X_{R}}{X_{B}}=\frac{19.8}{1.369}=14.24$$

电抗器开关出口小方式下两相短路电流

$$I_{dmin}^{(2)}=\frac{\sqrt{3}}{2}\times\frac{I_{B}}{X_{min}^{*}}=\frac{0.866\times 15\ 600}{0.542}=24\ 926(A)$$

三、整定计算过程

（一）电流速断保护

整定原则1：躲电抗器励磁涌流。

$$I_{dz}^{I}\geqslant 5I_{e}=5\times 1004=5020(A)$$

整定原则2：对电抗器高压侧小方式下两相短路有灵敏度。

$$I_{dz}^{I}\leqslant\frac{I_{dmin}^{(2)}}{k_{lm}}=\frac{24\ 926}{1.3}=19\ 174(A)$$

依据整定原则1、2，整定计算结果：5040A，0s。

（二）过电流Ⅱ段保护

整定原则：按躲电抗器额定电流整定。

$$I_{dz}^{II}\geqslant 2I_{e}=2\times 1004=2008(A)$$

整定计算结果：2040A，0.5s。

（三）过负荷保护

整定原则：按躲过电抗器额定电流整定。

$$I_{dz}=k_{k}I_{e}=1.1\times 1004=1104(A)$$

整定计算结果：1140A，10s。

本 章 小 结

本章简要介绍了35kV(10kV)电容器和电抗器保护的整定计算，相对于线路保护、变压器保护等保护而言，电容器与电抗器保护的整定计算较简单，尤其是电容器保护绝大部分定值可采用厂家推荐经验值或默认值。

第 7 章　新能源继电保护

7.1　新能源发电简述

7.1.1　光伏发电概述

光伏发电是根据“光生伏特效应”原理，利用太阳电池将太阳光能直接转化为电能。“光生伏特效应”即“光伏效应”：光子照射到金属上时，它的能量可以被金属中某个电子全部吸收，电子吸收的能量足够大，能克服金属内部引力做功，离开金属表面逃逸出来，成为光电子；光照使不均匀半导体或半导体与金属结合的不同部位之间产生电位差的现象：它首先是由光子（光波）转化为电子、光能量转化为电能量的过程；其次，是形成电压过程；有了电压，如果两者之间连通，就会形成电流的回路。

不论是独立使用还是并网发电，光伏发电系统主要由太阳电池板（组件）、控制器和逆变器三大部分组成，它们主要由电子元器件构成，不涉及机械部件。光伏发电系统简图见图 7-1。

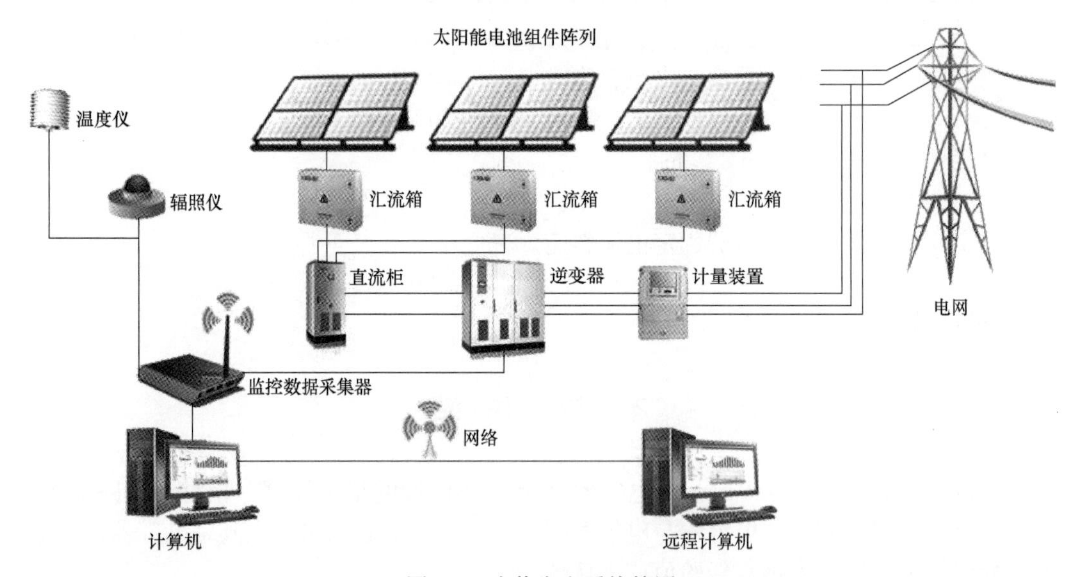

图 7-1　光伏发电系统简图

光伏发电系统分为独立光伏发电系统、并网光伏发电系统及分布式光伏发电系统。

（1）独立光伏发电也叫离网光伏发电。主要由太阳能电池组件、控制器、蓄电池组成，若要为交流负载供电，还需要配置交流逆变器。独立光伏电站包括边远地区的村庄供电系统，太阳能户用电源系统，通信信号电源、阴极保护、太阳能路灯等各种带有蓄电池的可以独立运行的光伏发电系统。

（2）并网光伏发电就是太阳能组件产生的直流电经过并网逆变器转换成符合市电电网要求的交流电之后直接接入公共电网。可以分为带蓄电池的和不带蓄电池的并网发电系统。带有蓄电池的并网发电系统具有可调度性，可以根据需要并入或退出电网，还具有备用电源的功能，当电网因故停电时可紧急供电。带有蓄电池的光伏并网发电系统常常安装在居民建筑；不带蓄电池的并网发电系统不具备可调度性和备用电源的功能，一般安装在较大型的系统上。

（3）分布式光伏发电系统，又称分散式发电或分布式供能，是指在用户现场或靠近用电现场配置较小的光伏发电供电系统，以满足特定用户的需求，支持现存配电网的经济运行，或者同时满足这两个方面的要求。分布式光伏发电系统的基本设备包括光伏电池组件、光伏方阵支架、直流汇流箱、直流配电柜、并网逆变器、交流配电柜等设备，另外还有供电系统监控装置和环境监测装置。其运行模式是在有太阳辐射的条件下，光伏发电系统的太阳能电池组件阵列将太阳能转换输出的电能，经过直流汇流箱集中送入直流配电柜，由并网逆变器逆变成交流电供给建筑自身负载，多余或不足的电力通过连接电网来调节。

7.1.2 光伏电站模型

光伏发电站的典型结构如图 7-2 所示，由光伏阵列以及逆变器等设备元件组成的光伏发电单元（图中实线框），光伏发电站的数学模型由多个光伏发电单元模型以及常规电力设备元件模型构成。

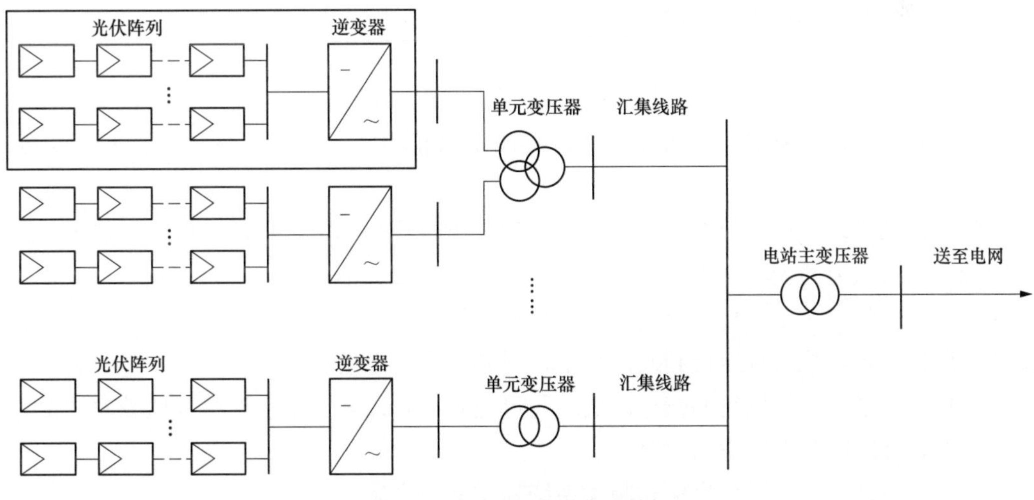

图 7-2 光伏发电站典型结构

按照光伏发电站调度关系，一般情况下电网公司仅负责送出线路两侧保护的整定计算，电站主变压器及以下设备的保护整定计算由光伏电站运营商负责。因此，对于电网侧的整定计算专业人员而言，可将光伏电站进行等效处理。

光伏发电站接入电网后，在短路故障发生时将对故障点提供故障电流，考虑逆变器中电流饱和限制模块的作用，光伏发电单元在故障情况下的短路电流输出特性可等效为一个受控电流源。短路故障时，光伏发电站能够提供的短路电流取决于电站容量、接入方式、故障位置等因素、光伏发电站的故障电流注入能力可达到120%～150%额定电流，持续时间则取决于控制装置，此时光伏发电站可用一个电流源模型来表示。

在涉及光伏电站的继电保护整定计算时，按照最恶劣的情形计算，光伏发电单元提供的短路电流按1.5倍额定电流考虑，即光伏发电单元最大输出故障电流 I^*

$$I^* = kI_e \tag{7-1}$$

式中，k 为光伏逆变器电流饱和系数，典型值为1.2～1.5，实用中取1.5；I_e 为光伏发电单元额定电流。

需要说明的是：在实际保护整定计算过程中，式（7-1）仅适用于光伏发电单元的短路故障电流计算，在需要严格计算短路故障结果的场合，应考虑光伏发电单元的升压变压器阻抗（单元变压器及电站主变压器），经折算后叠加所有发电单元的故障电流才是最终光伏电站可提供的准确的短路电流。如计算目的是校核并网点附近断路器遮断能力或保护用TA绕组饱和校核时，可直接用式（7-1）近似计算光伏电站所能提供的最大故障电流；也可仅计及电站主变压器的综合阻抗来粗略估算。

7.1.3 风力发电概述

风轮在风力的推动产生旋转，实现了风能向机械能的转换，旋转的风轮通过传动系统驱动发电机旋转，并在控制系统的作用下实现发电机的并网及电能的输出，完成机械能向电能的转换，这就是风力发电机将风能转换成电能的原理。依据目前的风车技术，大约是每秒三米的微风速度（微风的程度），便可以开始发电。

并网型风力发电机组由以下部分组成，如图7-3所示。

（1）风轮（叶片和轮毂）：捕获风能的关键设备，它把风的动能转变为机械能。一般由3个叶片组成，所捕获的风能大小直接决定风轮的转速。风轮的材料要求强度高、质量轻。

（2）传动系统：风轮与发电机的连接纽带。齿轮箱是其关键部件。由于风轮的转速比较低，而且风力的大小和方向经常变化着，这又使转速不稳定；所以，在带动发电机之前，还必须附加一个把转速提高到发电机额定转速的齿轮变速箱，再加一个调速机构使转速保持稳定，然后再连接到发电机上，达到并网发电的目的。

（3）偏航系统：使风轮的扫掠面始终与风向垂直，以最大限度地提升风轮对风能的捕获能力，并同时减少风轮的载荷。

（4）液压系统：为变矩机构和制动系统提供动力来源。

（5）制动系统：使风轮减速和停止运转的系统。

（6）发电机：其作用是把由风轮得到的恒定转速，通过升速传递给发电机构均匀运转，因而把机械能转变为电能。已采用的发电机有三种，即直流发电机、同步交流发电

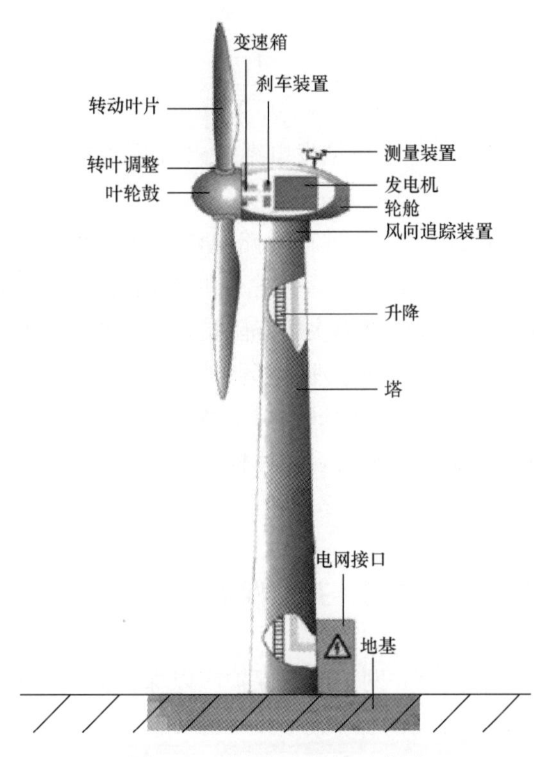

图 7-3　风力发电机组示意图

机和异步交流发电机。

（7）控制与安全系统：控制系统包括控制和监测两部分。监测部分将采集到的数据送到控制器，控制器以此为依据完成对风力发电机组的偏航控制、功率控制、开停机控制等控制功能。

（8）塔筒：风力发电机组的支撑部件。它使风轮到达设计中规定的高度。其内部还是动力电缆、控制电缆、通信电缆和人员进出的通道。

（9）基础：为钢筋混凝土结构，承载整个风力发电机组的重量。基础周围设置有预防雷击的接地系统。

（10）机舱：风力发电机组的机舱承担容纳所有的机械部件，承受所有外力（包括静负载及动负载）的作用。

7.1.4　风力发电模型

并网风力发电场的模型分两种，一种是通过逆变器并网，另一种不经中间环节直接并网。

如果风电机组先通过整流后辅以蓄电池存储，而后经逆变器并网，针对该情形，计及逆变器中电流饱和限制模块的作用，可按光伏电站类似处理，最大短路电流按风电机组额定电流的 1.5 倍考虑，即按式（7-1）计算即可。

对于采用同步电动机即感应电动机型发电系统直接并网的场合，其提供的短路电流

按式（7-2）计算

$$I^{*}=\frac{U_{B}}{\sqrt{3}X''_{d}} \tag{7-2}$$

式中，U_{B} 为同步电动机及感应电动机型发电系统出口基准电压，X''_{d} 为同步电动机或感应电动机的直轴次暂态阻抗。

对于单台风电机组，按式（7-2）进行短路电流计算是可行的；而对于多台风电机组经集电线汇集后并网的场合，需要计算其等效的直轴次暂态阻抗 X''_{d}，此时按常规火力发电机组等同对待即可；等效的直轴次暂态阻抗可由风电场运营商提供，也可根据每台风电机组的直轴次暂态阻抗按叠加原理计算获得。

综上所述，在进行涉及风电并网的继电保护整定计算时，不论风电机组并网电压等级，首先需明确风力发电机组并网模式，而后根据不同并网模式确定采用何种模型进行短路电流分析计算。

7.2 并网保护配置

光伏电站、风电场等新能源并网的继电保护应以保证公共电网的可靠性为原则，兼顾新能源的运行方式，采取有效的保护方案。根据现行规程要求，新能源（含光伏电站、风电场，下同）并网保护配置要求如下。

7.2.1 线路保护

（1）新能源以 380/220V 电压等级接入公共电网时，并网点和公共连接点的断路器应具备短路速断、延时保护功能和分励脱扣、失压跳闸及低压闭锁合闸等功能，同时应配置剩余电流保护。

（2）新能源接入 10/35kV 电压等级系统保护参考以下原则配置。

当新能源采用专用线路接入时，宜配置（方向）过电流保护；接入配电网的新能源容量较大且可能导致电流保护不满足保护“四性”要求时，可配置距离保护；当上述两种保护无法整定或配合困难时，可增配纵联电流差动保护。

当新能源采用“T”接线路接入用户配电网时，为保证用户其他负荷的供电可靠性，宜在新能源发电站侧配置电流速断保护反映内部故障。

新能源接入配电网后，应对新能源送出线路相邻线路现有保护进行校验，当不满足要求时，应调整保护配置；还应校验相邻线路的开关和电流互感器是否满足要求（最大短路电流）；必要时按双侧电源线路完善保护配置。

（3）新能源接入 110kV 电压等级系统时保护配置原则。对于直接接入 110kV 电压的较大规模风电场、光伏电站，110kV 送出线路保护配置按本书 5.2 节 110kV 线路保护配置执行；当配置纵联保护时，应首先采用光纤电流差动保护；同时还应对新能源送出线路相邻线路现有保护进行校验，当不满足要求时，应调整保护配置；并应校验相邻线路的开关和电流互感器是否满足要求（最大短路电流）；必要时按双侧电源线路完善保护配置。

(4) 新能源接入220kV电压等级系统时保护配置原则。对于直接接入220kV电压的大规模风电场、光伏电站，220kV送出线路保护配置按本书5.1节220kV终端馈线保护配置执行，即配置双重化的主保护、后备保护一体化微机型保护装置。

7.2.2 母线保护

新能源并网系统设有母线时，可不设专用母线保护，发生故障时可由母线有源连接元件的后备保护切除故障。如后备保护时限不能满足稳定要求，可相应配置保护装置，快速切除母线故障。

同时还应对系统侧变电站或开关站侧的母线保护进行校验，若不能满足要求时，则变电站或开关站侧应配置保护装置，快速切除母线故障。

7.2.3 其他保护

新能源并网发电系统有时还配置有防孤岛保护及相应的安全自动装置，一般情况下，这类型的保护装置由新能源运营商自行完成，并网点所在供电公司应提供所需的技术资料。

7.3 整定计算原则

鉴于新能源并网保护配置与常规变电站或火力发电厂并无显著差异，在进行新能源并网工程的继电保护整定计算时，其差异体现在短路电流计算阶段，即最大短路电流计算应计及光伏电站、风电机组等新能源所能提供的短路电流；而具体到某种类型保护的整定计算原则、灵敏度选择等内容参考本书对应部分内容即可。

7.4 整定计算方式选择

(1) 系统运行方式选择。不论是采用110kV电压并网还是以35kV(10kV)电压接入系统，并网点处（即接入新能源机组的变电站母线）的母线最大、最小运行方式均可参照母线保护部分内容。

(2) 变压器中性点接地方式选择。当采用110kV电压并网时，由于系统侧110kV变压器高、低压均为不接地系统，故整定系统侧保护时，按普通馈线类似处理即可；而新能源侧110kV升压变压器高压侧为直接接地系统，在计算新能源侧零序短路电流时，需综合考虑系统侧最大、最小运行方式下新能源侧开关流过的零序电流的最大、最小值。

对于35(10)kV电压并网的新能源系统，由于35(10)kV均为小电流接地系统，故在计算系统最大、最小运行方式时不需考虑变压器中性点不同接地方式，按常规馈线类似处理即可。

7.5 算例分析

【算例1】 某110kV光伏电站经单线与220kV变电站并网，110kV变电站B站T接于该线路运行，线路最大负荷电流按600A考虑。A站和C站110kV线路各配置一套三段式相间、接地距离保护，四段式零序电流保护，B站为终端变电站，未配置保护。相关参数见图7-4中标注。试计算A站、C站侧110kV线路保护定值。

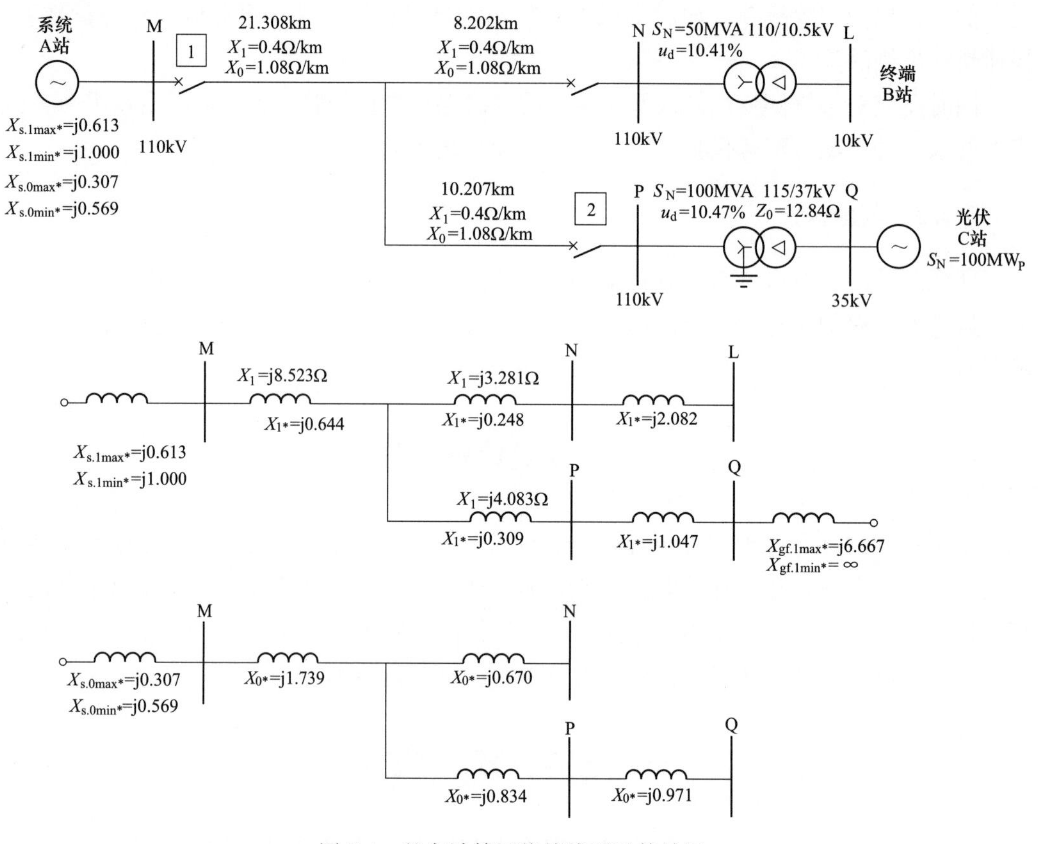

图7-4 整定计算网络接线图及等效图

一、整定计算思路

首先考虑将各电气元件铭牌参数折算为同一基准下的标幺值进行短路电流计算（为方便计算距离保护，线路还需计算正序有名值），并绘制系统正序、零序等效阻抗图。然后，确定并网光伏电站正常大、小方式，110kV侧中性点接地方式，计算并网光伏电站侧正序、零序阻抗。最后，按照整定计算原则，分别计算线路距离、零序电流各段保护定值。

二、整定计算参数折算

所有参数的标幺值均以基准容量 1000MVA，基准电压 115kV 计算，计算结果如下。

（1）B 站 1 号主变压器正序阻抗标幺值

$$X_{T1}^{*}=U_{s}\%\times\frac{S_{B}}{S_{e}}=10.41\%\times\frac{1000}{50}=2.082$$

（2）C 站 1 号主变压器正序阻抗、零序阻抗标幺值

$$X_{T1}^{*}=U_{s}\%\times\frac{S_{B}}{S_{e}}=10.47\%\times\frac{1000}{100}=1.047$$

$$X_{T0}^{*}=X_{0}\times\frac{S_{B}}{U_{B}^{2}}=12.84\times\frac{1000}{115^{2}}=0.971$$

（3）A 站至 T 触点线路正序阻抗有名值、标幺值，零序阻抗标幺值

$$(r_{1}+\mathrm{j}x_{1})\times l\times\frac{S_{B}}{U_{B}^{2}}=(0.132+\mathrm{j}0.4)\times 1.395\times\frac{1000}{115^{2}}=(0.184+\mathrm{j}0.558)\times\frac{1000}{115^{2}}=$$

$$0.014+\mathrm{j}0.042(0.17+\mathrm{j}0.4)\times 19.913\times\frac{1000}{115^{2}}=(3.385+\mathrm{j}7.965)\times\frac{1000}{115^{2}}=0.256+\mathrm{j}0.602$$

忽略电阻后，正序有名值：8.523Ω，正序标幺值：0.644，零序标幺值：1.739。

（4）T 触点至 B 站线路正序阻抗、标幺值，零序阻抗标幺值

$$(0.17+\mathrm{j}0.4)\times 8.202\times\frac{1000}{115^{2}}=(1.394+\mathrm{j}3.281)\times\frac{1000}{115^{2}}=0.105+\mathrm{j}0.248$$

忽略电阻后，正序有名值：3.281Ω，正序标幺值：0.248，零序标幺值：0.670。

（5）T 触点至 C 站线路正序阻抗

$$(0.132+\mathrm{j}0.4)\times 10.207\times\frac{1000}{115^{2}}=(1.347+\mathrm{j}4.083)\times\frac{1000}{115^{2}}=0.102+\mathrm{j}0.309$$

忽略电阻后，正序有名值：4.083Ω，正序标幺值：0.309，零序标幺值：0.834。

（6）C 站 110kV 母线等效阻抗。按照规程规定，当无法确定光伏逆变器的具体短路特征参数情况下，光伏发电系统提供的短路电流按 1.5 倍额定电流计算，故障点选择在光伏电站 35kV 母线处。110kV 侧基准电流为 5020A，结果如下。

正序大方式：$5020/1.5I_{e}+1.047=6.667+1.047=7.714$，正序小方式：$\infty$

零序大方式：0.971，零序小方式：0.971

（7）C 站折算至 A 站 110kV 母线等效电抗计算。

正序大方式：$7.714+0.309+0.644=8.667$，正序小方式：∞

零序大方式：$0.971+0.834+1.739=3.544$

零序小方式：$0.971+0.834+1.739=3.544$

三、A站线路保护整定计算过程

（一）相间（接地）距离保护

1. 距离Ⅰ段保护定值整定

整定原则：躲本线路末端短路。

$$Z_{dz}^{I} \leqslant k_k Z_1 = 0.7 \times (8.523 + 3.281) = 0.7 \times 11.804 = 8.3(\Omega)$$

最终整定结果：8Ω，0s。

2. 距离Ⅱ段保护定值整定

整定原则1：与A站1号主变压器110kV侧复压方向Ⅰ段配合（3120A，0.6s）。

$$k_{ph}\frac{I_j}{X_{xtmax} + Z_{dz}^{II}/X_j} = 1.15 \times \frac{5020}{0.613 + Z_{dz}^{II}/13.2} = 3120(A) \quad Z_{dz}^{II} \geqslant 16(\Omega)$$

整定原则2：与A站2号主变压器110kV侧复压方向Ⅰ段配合（3000A，0.6s）。

$$1.15 \times \frac{5020}{0.706 + Z_{dz}^{II}/13.2} = 3000(A) \quad Z_{dz}^{II} \geqslant 16(\Omega)$$

其中，0.706为A站2号主变压器供电时的110kV母线正序阻抗标幺值。

整定原则3：躲B站1号主变低压母线短路。

$$Z_{dz}^{II} \leqslant k_k Z_1 + k_k k_z Z_T^{I} = 0.8 \times 11.804 + 0.7 \times 1 \times 2.082 \times 13.2 = 29(\Omega)$$

整定原则4：躲C站1号主变压器低压母线短路。

$$Z_{dz}^{II} \leqslant k_k Z_1 + k_k k_z Z_T^{I} \leqslant 0.8 \times (8.523 + 4.083) + 0.7 \times 1 \times 1.047 \times 13.2 = 20(\Omega)$$

整定原则5：保证本线路末短路有灵敏度。

$$Z_{dz}^{II} \geqslant k_{lm} Z_1 = 1.4 \times (8.523 + 4.083) = 17.6(\Omega)$$

综合原则1、2、3、4、5，最终整定结果：20Ω，0.3s。

3. 距离Ⅲ段保护定值整定

整定原则1：躲最小负荷阻抗。

$$Z_{fhmin} = \frac{0.9 \times 115}{\sqrt{3} \times 0.6} = 100\Omega \quad Z_{dz}^{III} \leqslant k_k Z_{fhmin} = 0.7 Z_{fhmin} = 0.7 \times 100 = 70(\Omega)$$

整定原则2：与A站1号主变压器110kV侧过电流Ⅱ段配合（1104A，3.6s）。

$$k_{ph}\frac{I_j}{X_{xtmax} + Z_{dz}^{III}/X_j} = 1.15 \times \frac{5020}{0.613 + Z_{dz}^{III}/13.2} = 1104(A) \quad Z_{dz}^{III} \geqslant 61(\Omega)$$

整定原则3：与A站2号主变压器110kV侧过电流Ⅱ段配合（1320A，3.6s）。

$$1.15 \times \frac{5020}{0.706 + Z_{dz}^{III}/13.2} = 1320(A) \quad Z_{dz}^{III} \geqslant 48(\Omega)$$

其中，0.706为A站2号主变压器供电时的110kV母线正序阻抗标幺值。

整定原则4：与B站1号主变压器、C站1号主变压器过电流时间配合（2.1s）。

$$t_{III} \geqslant 2.1 + 0.3 = 2.4(s)$$

综合原则1、2、3、4，最终整定结果：65Ω，3.3s。

流过A站110kV线路开关短路电流计算结果如表7-1所示。

（二）零序保护整定

表 7-1　　流过 A 站 110kV 线路开关短路电流计算结果　　A

故障点	三相短路电流	单相短路电流	两相短路电流
B站 110kV 母线大方式	—	2631	—
C站 110kV 母线大方式	—	—	1777
B站 110kV 母线小方式	2390	—	1087
C站 110kV 母线小方式	—	—	1052
B站 10kV 母线大方式	1400	—	—
C站 35kV 母线大方式	1920	—	—

1. 零序Ⅰ段保护定值整定

整定原则：躲线路末故障最大零序电流。

$$I_{0dz}^{\mathrm{I}} \geqslant 1.3 \times 3I_{0max} = 1.3 \times 2631 = 3420(\mathrm{A})$$

最终整定结果：取 3600A，0s。

2. 零序Ⅱ（Ⅲ）段保护定值整定

整定原则 1：保证本线路末接地故障有灵敏度。

$$I_{0dz}^{\mathrm{II}} \leqslant 3I_{0min}/k_{lm} = 1052/1.4 = 751(\mathrm{A})$$

整定原则 2：与 A 站主变压器 110kV 侧的零序方向Ⅰ段配合（1200A，0.6s）。

$$I_{0dz}^{\mathrm{II}} \leqslant k_f I_{0dz}^{\mathrm{I}'}/k_k = 1 \times 1200/1.15 = 1043(\mathrm{A})$$

综合原则 1、2，最终整定结果：700A，0.3s。

3. 零序Ⅳ段保护定值整定

整定原则 1：与 A 站 110kV 侧的零序方向Ⅱ段反配（900A，3.0s）。

$$I_{0dz}^{\mathrm{II}} \leqslant k_f I_{0dz}^{\mathrm{II}'}/k_k = 1 \times 900/1.15 = 783(\mathrm{A})$$

整定原则 2：躲本线路末端变压器低压母线短路的最大不平衡电流。

$$I_{0dz}^{\mathrm{IV}} \geqslant 0.15 I_{dmax} = 0.15 \times 1920 = 288(\mathrm{A})$$

综合原则 1、2，最终整定结果：300A，2.7s。

（三）其他类型保护整定

1. 零序加速段电流：保证线路末接地短路有足够的灵敏度

整定结果：700A，0.1″。

2. TV 断线过电流

整定原则 1：保证本线路末两相短路有灵敏度。

$$I_{dz} \leqslant I_{dmin}^{(2)}/k_{lm} = 2390 \times 0.866/1.4 = 1478(\mathrm{A})$$

整定原则 2：躲本线路最大负荷电流。

$$I_{dz} \geqslant \frac{k_k}{k_{re}} I_{fhmax} = 1.25/0.85 \times 600 = 882(\mathrm{A})$$

综合原则 1、2，最终整定结果：取 1300A，0.3s。

3. TV 断线零序过电流：同零序过电流Ⅱ段定值

整定结果：取 700A，0.3s。

四、C站线路保护整定计算过程

（一）相间（接地）距离保护整定

1. 距离Ⅰ段保护定值整定

整定原则：躲本线路末端短路。

$$Z_{dz}^{\mathrm{I}} \leqslant k_k Z_1$$

（1）躲A站110kV母线短路。

$$\leqslant 0.7 \times (4.083 + 8.523) = 0.7 \times 12.606 = 8.8(\Omega)$$

（2）躲B站110kV母线短路。

零序 $k_z = 2.28$，

$$\leqslant 0.7 \times (4.083 + 2.28 \times 3.281) = 0.7 \times 11.56 = 8.1(\Omega)$$

最终整定计算结果：8Ω，0s。

2. 距离Ⅱ段保护定值整定

整定原则1：保证本线路末短路有灵敏度。

$$Z_{dz}^{\mathrm{II}} \geqslant k_{lm} Z_1$$

（1）保证A站110kV母线短路有灵敏度。

$$\geqslant 1.4 \times (4.083 + 8.523) = 17.6(\Omega)$$

（2）保证B站变压器110kV母线短路有灵敏度。

正序 $k_z = 5.88$，

$$\geqslant 1.5 \times (4.083 + 5.88 \times 3.281) = 35(\Omega)$$

整定原则2：躲相邻主变压器其他侧母线短路。

$$Z_{dz}^{\mathrm{II}} \leqslant k_k Z_1 + k_k k_z Z_{\mathrm{T}}^{\mathrm{I}}$$

（1）躲A站1号主变压器高压侧短路。

$$\leqslant 0.85 \times (4.083 + 8.523 + 1 \times 0.687 \times 13.2) = 18.4(\Omega)$$

（2）躲A站2号主变压器低压侧短路。

$$\leqslant 0.8 \times (4.083 + 8.523) + 0.7 \times 7.23 \times 0.496 \times 13.2 = 43.2(\Omega)$$

（3）躲B站1号主变压器高压侧短路。

$$\leqslant 0.8 \times (4.083 + 2.28 \times 3.281) + 0.7 \times 2.28 \times 2.082 \times 13.2 = 53(\Omega)$$

整定原则3：与A站110kV相邻线距离Ⅰ段配合（2.8Ω，0s）。

$$Z_{dz}^{\mathrm{II}} \leqslant 0.7Z_1 + 0.7k_z Z_{dz}^{\mathrm{II}'} \leqslant 0.7 \times (4.083 + 8.523 + 7.23 \times 2.8) = 23(\Omega)$$

综合原则1、2、3，最终整定结果：18Ω，0.3s（B站侧相间短路 Z_{II} 不动，靠用户侧解列装置或孤岛保护动作）。

3. 距离Ⅲ段保护定值整定

整定原则1：躲最小负荷阻抗。

$$Z_{fhmin} = \frac{0.9 \times 115}{\sqrt{3} \times 0.6} = 100(\Omega)$$

$$Z_{dz}^{\mathrm{III}} \leqslant k_k Z_{fhmin} = 0.7Z_{fhmin} = 0.7 \times 100 = 70(\Omega)$$

整定原则 2：与 A 站 110kV 相邻线距离Ⅲ段配合（63Ω，3.3s）。

$$Z_{dz}^{Ⅲ} \leqslant 0.7Z_1 + 0.7k_z Z_{dz}^{\prime Ⅲ} = 0.7 \times (4.083 + 8.523 + 7.23 \times 63) = 328(\Omega)$$

综合原则 1、2，最终整定结果：70Ω，3.6s。

流过 C 站 110kV 线路开关短路电流计算表如表 7-2 所示。

（二）零序保护整定

表 7-2　　流过 C 站 110kV 线路开关短路电流计算表　　A

故障点	三相短路电流	单相短路电流	两相短路电流
A 站 110kV 母线大方式	—	—	1058
B 站 110kV 母线大方式	—	1845	—
A 站 110kV 母线小方式	—	798	—
B 站 110kV 母线小方式	490	—	1384
A 站 220kV 母线大方式	540	—	—
A 站 35kV 母线大方式	360	—	—
B 站 10kV 母线大方式	207	—	—

1. 零序Ⅰ段保护定值整定

整定原则 1：躲线路末故障最大零序电流。

$$I_{0dz}^{Ⅰ} \geqslant 1.3 \times 3I_{0max} = 1.3 \times 1845 = 2399(A)$$

整定结果：取 2400A，0s。

2. 零序Ⅱ（Ⅲ）段保护定值整定

整定原则 1：保证本线路末故障有灵敏度。

$$I_{0dz}^{Ⅱ} \leqslant 3I_{0max}/k_{lm} = 798/1.4 = 570(A)$$

整定原则 2：与 A 站相邻 110kV 线路零序Ⅱ段配（1200A，0.3s）。

$$I_{0dz}^{Ⅱ} \geqslant k_k k_f I_{0dz}^{\prime Ⅱ} = 1.15 \times 0.14 \times 1200 = 193(A)$$

综合原则 1、2，最终整定结果：500A，0.6s。

3. 零序Ⅳ段保护定值整定

整定原则 1：与 A 站相邻 110kV 线路零序Ⅲ段配（300A，2.7s）。

$$I_{0dz}^{Ⅱ} \geqslant k_k k_f I_{0dz}^{\prime Ⅲ} = 1.15 \times 0.14 \times 300 = 48(A)$$

整定原则 2：躲本线路末端变压器其他母线短路的最大不平衡电流。

$$I_{0dz}^{Ⅳ} \geqslant 0.15 \times I_{dmax} \geqslant 0.15 \times 540 = 81(A)$$

综合原则 1、2，最终整定结果：150A，3.0s。

（三）其他类型保护整定

1. 零序加速段电流保护

整定原则：保证线路末接地短路有足够的灵敏度。

整定结果：取 500A，0.1s。

2. 重合闸整定

按用户要求，重合闸退出。

3. TV 断线过电流定值

整定原则 1：保证本线路末两相短路有灵敏度。

$$I_{dz} \leqslant I_{dmin}^{(2)}/k_{lm} = 490 \times 0.866/1.4 = 303(A)$$

整定原则 2：躲本线路最大负荷电流。

$$I_{dz} \geqslant \frac{k_k}{k_{re}} I_{fhmax} = 1.25/0.85 \times 502 = 738(A)$$

综合原则 1、2，原则 2 优先，最终整定结果：取 800A，0.3s。

4. TV 断线零序过电流定值

同零序过电流Ⅱ段定值，取 500A，0.3s。

【算例 2】 风电场Ⅰ期装机容量 48MW，每条集电线布置 12 台风机。双馈式异步风力发电机经箱式变压器升压至 35kV，由集电线送电至风电场 110kV 升压站，经 110kV 线路接入系统 110kV 变电站，再经 110kV 线路接入 220kV 变电站。双馈式异步风力发电机额定功率为 2000kW，额定电压为 690V，等效阻抗为 0.1255Ω，箱式变压器额定容量为 2150kVA，阻抗电压 6.21%。忽略 35kV 集电线各机组间联络线参数，1 号集电线参数 YJV32-26/35-3×300/6.502km，2 号集电线参数 YJV32-26/35-3×300/5.741km。110kV 升压变压器额定容量 100MVA，额定电压 115±8×1.25%/37kV，短路电压 10.42%，零序阻抗 11.7Ω，风机并网线路最大负荷电流按 600A 考虑，其他参数见图 7-5 中标注。线路两侧配置光纤纵差保护和三段式相间、接地距离、四段式零序过电流的微机线路保护。请计算风电场并网 110kV 线路两侧断路器保护定值。

一、整定计算标幺参数计算

所有参数标幺值均以基准容量 1000MVA，基准电压 115kV、37kV 计算。

发电机：$X_G^* = 0.1255/(0.72 \times 0.72)/1000 = 242.1$

35kV 箱式变压器：$X_T^* = 6.21\% \times 1000/2.15 = 28.884$

集电线 1 线：$Z_l^* = 0.06 \times 6.502/1.369 = 0.285$

集电线 2 线：$Z_l^* = 0.06 \times 5.74/1.369 = 0.252$

风机等效至升压站 35kV 母线阻抗

$$X_{\sum G}^* = [(242.1 + 28.884)/12 + 0.285] // [(242.1 + 28.884)/12 + 0.252] = 11.42$$

110kV 升压变压器：$X_T^* = 10.42\% \times 1000/100 = 1.042$

110kV 并网线路 1：$X_l^* = 0.404 \times 35.299/13.225 = 1.078$

二、M 侧断路器 1 保护整定计算过程

（一）纵差保护启动定值

整定原则 1：按躲最大负荷情况下的最大不平衡电流整定。

$$I_{cdqd} \geqslant k_k I_{fhmax} = 0.15 \times 600 = 90(A)$$

整定原则 2：按本线路末端发生金属性故障有足够灵敏度整定。

$$I_{cdqd} \leqslant I_{dmin}/k_{lm} = 3 \times 5020/(2 \times 2.883 + 5.757)/4 = 326(A)$$

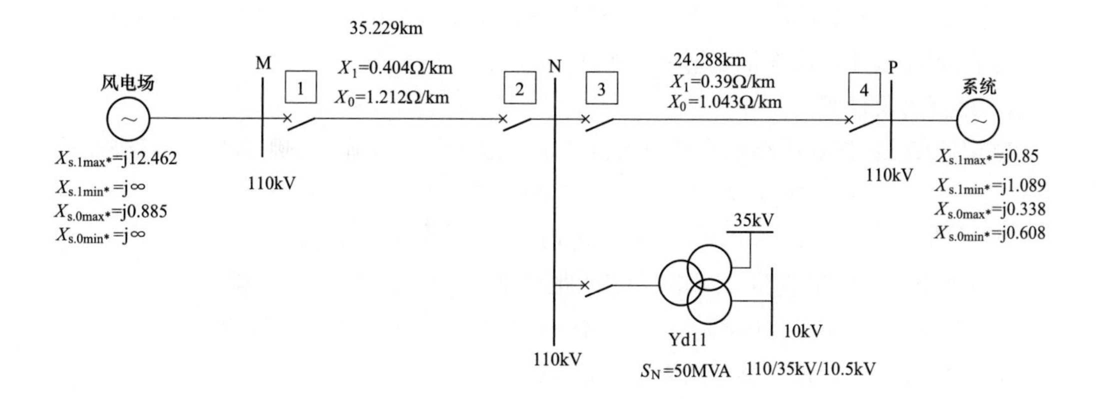

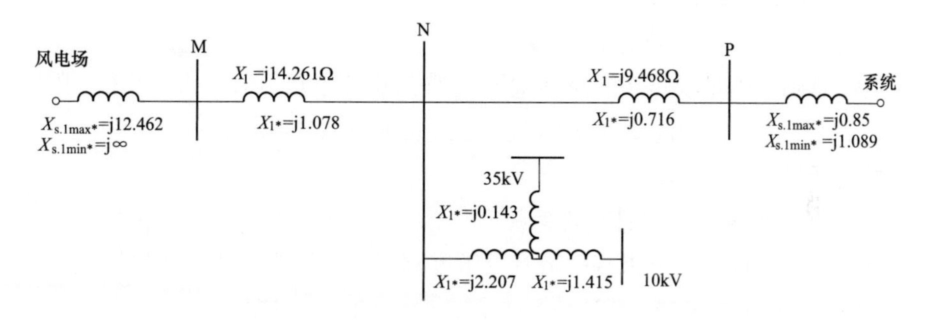

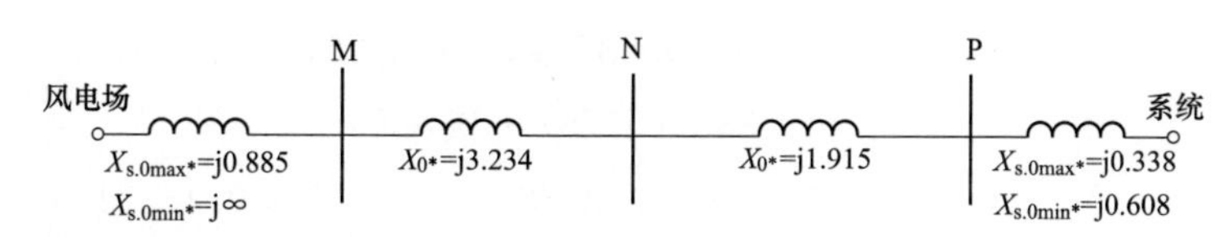

图 7-5 整定计算网络接线图及等效图

整定结果：300A。

（二）相间（接地）距离保护整定

1. 距离Ⅰ段保护

整定原则 1：按可靠躲过本线路末端故障整定。

$$Z_{dz}^{\mathrm{I}} \leqslant k_k Z_1 = 0.7 \times 14.261 = 9.98(\Omega)$$

整定原则 2：满足线路 2 断路器 QF4 距离Ⅱ段（23Ω，0.3s）限额。

$$Z_{dz}^{\mathrm{I}} \leqslant (Z_{dz}'^{\mathrm{II}} - 0.8Z_1)/0.8 = (23 - 0.8 \times 9.468)/0.8 = 19.3(\Omega)$$

整定原则 3：不宜超过风电场 110kV 变压器其他侧母线。

$$Z_{dz}^{\mathrm{I}} \leqslant k_k Z_1 + k_k k_f Z_T' = 0.7 \times 14.261 + 0.7 \times 1 \times 1.042 \times 13.225 = 19.6(\Omega)$$

综合原则 1、2、3，最终整定结果：19Ω，0s。

2. 距离Ⅱ段保护

整定原则 1：按本线路末端发生金属性故障有足够灵敏度整定。

$$Z_{dz}^{\mathrm{II}} \geqslant k_{lm} Z_1 = 1.4 \times 14.261 = 19.97(\Omega)$$

整定原则 2：不宜超过风电场 110kV 变压器其他侧母线。

$Z_{dz}^{II} \leqslant k_k Z_1 + k_k k_f Z'_T = 0.7 \times 14.261 + 0.7 \times 1 \times 1.042 \times 13.225 = 19.6(\Omega)$

综合原则1、2，最终整定结果：20Ω，0.3s。

3. 距离Ⅲ段保护

整定原则1：按躲线路最小负荷阻抗整定（最大负荷按升压变压器最大容量考虑）。

$$Z_{dz}^{III} \leqslant k_k \times 0.9 \times 110\,000/(1.732 \times I_{fhmax}) =$$
$$0.7 \times 0.9 \times 110\,000/(1.732 \times 520) = 77(\Omega)$$

整定原则2：满足线路2断路器QF4距离Ⅲ段（65Ω，2.6s）限额。

$$Z_{dz}^{III} \leqslant (Z_{dz}^{III'} - 0.8Z_1)/0.8 = (65 - 0.8 \times 9.468)/0.8 = 71.8(\Omega)$$

综合原则1、2，最终整定结果：72Ω，2.3s。

（三）零序保护整定

1. 方向零序电流Ⅰ段保护

整定原则：满足线路2断路器QF4零序过电流Ⅱ段（1200A，0.3s）限额。

$$I_{0dz}^{I} \leqslant k_f I_0'^{II}/k_k = 1 \times 1200/1.15 = 1043(A)$$

整定结果：1000A，0s。

2. 方向零序电流Ⅱ（Ⅲ）段保护

整定原则：按本线路末端故障有灵敏度整定（系统小方式，风场停机）。

$$X_{1\Sigma} = 1.805 + 1.078 = 2.883$$
$$X_{0\Sigma} = (2.523 + 3.234)//0.885 = 1/(1/5.757 + 1/0.885) = 0.767$$
$$K_{f0} = 0.885/(5.757 + 0.885) = 0.133$$
$$I_{0dz}^{II} \leqslant 3I_{0min}/k_{lm} = 3 \times 5020/(2 \times 2.883 + 0.767) \times 0.133/1.4 = 220(A)$$

整定结果：220A，0.3s。

3. 方向零序电流Ⅳ段保护

整定原则1：躲过本线路末端变压器其他各侧三相短路最大不平衡电流。

$$X_{1\Sigma} = 1.566 + 1.078 + 1.042 = 3.686$$
$$I_{0dz}^{IV} \geqslant k_k I_{dmax}^{3} = 0.13 \times 5020/3.686 = 177(A)$$

整定原则2：满足线路2断路器QF4零序过电流Ⅳ段（300A，1.9s）限额。

$$I_{0dz}^{IV} \leqslant k_f I'_{0IV}/k_k = 1 \times 300/1.15 = 260(A)$$

综合原则1、2，最终整定结果：180A，1.6s。

（四）其他类型保护整定

1. 零序过电流加速段保护

取零序过电流Ⅱ段定值，后加速时间取0.1s。

整定结果：220A，0.1s。

2. TV断线过流保护

整定原则1：按对本线路末端故障有灵敏度整定。

$$I_{dz} \leqslant I_{dmin}/k_{lm} = 0.866 \times 5020/2.883/1.4 = 1077(A)$$

整定原则2：按躲本线路最大负荷电流整定。

$$I_{dz} \geqslant \frac{k_k}{k_{re}} I_{fhmax} = 1.25/0.85 \times 520 = 765(A)$$

综合原则 1、2，最终整定结果：800A，0.3s。

3. TV 断线零序过电流保护

取零序过电流Ⅱ段保护定值。

整定结果：220A，0.3s。

三、N 侧断路器 2 保护整定计算过程

（一）纵差保护启动定值

与 M 侧断路器 1 保护整定结果一致，取 300A。

（二）相间（接地）距离保护整定

1. 距离Ⅰ段保护

整定原则 1：按可靠躲过本线路末端故障整定。

$$Z_{dz}^{I} \leqslant k_k Z_1 = 0.7 \times 14.261 = 9.98(\Omega)$$

整定结果：9Ω，0s。

2. 距离Ⅱ段保护

整定原则 1：按本线路末端发生金属性故障有足够灵敏度整定。

$$Z_{dz}^{II} \geqslant k_{lm} Z_1 = 1.4 \times 14.261 = 19.97(\Omega)$$

整定原则 2：不宜超过 110kV 变电站 1 号变压器其他侧母线。

$$k_{f1} = (13.54 + 1.805)/1.805 = 8.501$$

$$k_{f0} = (4.119 + 2.523)/2.523 = 2.633$$

$$Z_{dz}^{II} \leqslant k_k Z_1 + k_k k_f Z'_T = 0.7 \times 14.261 + 0.7 \times 2.633 \times (2.207 - 0.143) \times 13.225 = 60.3(\Omega)$$

整定原则 3：与线路 2 断路器 QF3 接地距离Ⅰ段（6Ω，0s）配合。

$$Z_{dz}^{II} \leqslant k_k Z_1 + k_k k_f Z'_I = 0.7 \times 14.261 + 0.7 \times 1 \times 6 = 14.2(\Omega)$$

整定原则 4：与线路 2 断路器 QF3 接地距离Ⅰ段（15Ω，0.3s）配合。

$$Z_{dz}^{II} \leqslant k_k Z_1 + k_k k_f Z'_{II} = 0.7 \times 14.261 + 0.7 \times 1 \times 15 = 20.5(\Omega)$$

综合原则 1、2、3、4，最终整定结果：20Ω，0.6s。

3. 距离Ⅲ段保护

整定原则 1：按躲线路最小负荷阻抗整定（最大负荷按升压变压器最大容量考虑）。

$$Z_{dz}^{III} \leqslant k_k \times 0.9 \times 110\,000/(1.732 \times I_{fhmax}) = 0.9 \times 110\,000/(1.732 \times 520) = 77(\Omega)$$

整定原则 2：与线路 2 断路器 QF3 距离Ⅲ段（65Ω，2s）配合。

$$Z_{dz}^{III} \leqslant 0.7 Z_1 + 0.7 k_f Z_{dz}^{III'} = 0.7 \times 14.261 + 0.7 \times 1 \times 65 = 55(\Omega)$$

综合原则 1、2，最终整定结果：55Ω，2.3s。

（三）零序保护整定

1. 方向零序电流Ⅰ段保护

整定原则：按躲区外故障最大零序电流整定。

$$X_{1\Sigma}=1.566//13.54=1/(1/1.566+1/13.54)=1.404$$

$$X_{0\Sigma}=2.253//4.119=1/(1/2.253+1/4.119)=1.456$$

$$k_{f0}=2.253/(4.119+2.253)=0.354$$

$$I_{0dz}^{\mathrm{I}}\geqslant 1.3\times 3I_{0max}=1.3\times 0.354\times 3\times 5020/(2\times 1.404+1.456)=1624(\mathrm{A})$$

整定结果：方向零序电流Ⅰ段整定1800A，0s。

2. 方向零序电流Ⅱ（Ⅲ）段保护

整定原则1：按本线路末端故障有灵敏度整定（系统小方式，风场停机）。

$$k_{f0}=2.523/(4.119+2.523)=0.38$$

$$I_{0dz}^{\mathrm{II}}\leqslant 3I_{0min}/k_{lm}=3\times 5020/(2\times 1.805+1.565)\times 0.38/1.4=790(\mathrm{A})$$

整定原则2：与线路2断路器QF3零序过电流Ⅰ段（停用）配合。

整定原则3：与线路2断路器QF3零序过电流Ⅱ段（500A，0.6s）配合。

$$I_{0dz}^{\mathrm{II}}\geqslant k_k k_f I_{0dz}^{\mathrm{II}\prime}=1.15\times 1\times 500=575(\mathrm{A})$$

综合原则1、2、3，最终整定结果：700A，0.9s。

3. 方向零序电流Ⅳ段保护

整定原则1：躲过本线路末端变压器其他各侧三相短路最大不平衡电流。

$$X_{1\Sigma}=11.42+1.042+1.078+2.207-0.143=15.6$$

$$I_{0dz}^{\mathrm{IV}}\geqslant k_k I_{dmax}^{3}=0.13\times 5020/15.6=42(\mathrm{A})$$

整定原则2：与线路2断路器QF3零序过流Ⅳ段（150A，1.6s）配合。

$$I_{0dz}^{\mathrm{IV}}\leqslant k_k k_f I_{0\mathrm{IV}}^{\prime}=1.15\times 1\times 150=173(\mathrm{A})$$

整定原则3：力争线路2末端故障满足1.2的远后备灵敏系数。

综合原则1、2、3，最终整定结果：180A，1.9s。

（四）其他类型保护整定

1. 零序过电流加速段保护

取零序过电流Ⅱ段定值，后加速时间取0.1s。

2. TV断线过电流保护

整定原则1：按对本线路末端故障有灵敏度整定（全风机运行）。

$$I_{dz}\leqslant I_{dmin}/k_{lm}=0.866\times 5020/13.54/1.4=230(\mathrm{A})$$

整定原则2：按躲本线路最大负荷电流整定。

$$I_{dz}\geqslant \frac{k_k}{k_{re}}I_{fhmax}=1.25/0.85\times 520=764(\mathrm{A})$$

综合原则1、2，最终整定结果：750A，0.6s。

3. TV断线零序过电流保护

取零序过电流Ⅱ段保护定值700A，时间0.9s。

本 章 小 结

基于太阳能、风能的可再生能源发电因绿色环保、能源可再生利用等优势，随着技术的进步和制造成本的可控，新能源发电犹如雨后春笋迅猛发展。对于新能源并网发电系统的保护配置，应严格遵照现行规程规定；对其送出线路的线路保护，一般建议配置光纤电流差动保护作为主保护。在进行新能源并网发电系统的保护整定计算时，关键是要掌握不同类型的并网发电系统短路电流计算方式，在此基础上整定计算过程和原则与常规继电保护保持一致。此外，由于不同类型新能源并网发电系统所提供的短路电流计算模式不同，在收集新能源并网发电系统的原始资料时应完整无遗漏、满足并网保护整定计算全部需求。此外，在开展新能源并网线路保护整定计算时，还应校核并网点临近区域已有保护配置是否满足运行要求，如不满足要求，应提出定值调整或设备更换等要求。

附　　录

附录一　输电线路的理论参数

附表 1　　钢芯铝绞线导线的电阻及正序电抗　　Ω/km

导线型号	电阻	几何均距（m）													
		1.5	2.0	2.5	3.0	3.5	4.0	4.5	5.0	5.5	6.0	6.5	7.0	7.5	8.0
LGJ-35/6	0.823 00	0.385	0.403	0.417	0.429	0.439	0.447								
LGJ-50/8	0.594 60	0.375	0.393	0.407	0.419	0.428	0.437								
LGJ-50/30	0.569 20	0.363	0.381	0.395	0.407	0.416	0.425								
LGJ-70/10	0.421 70	0.364	0.382	0.396	0.408	0.418	0.426	0.433	0.440	0.446					
LGJ-70/40	0.414 10	0.353	0.371	0.385	0.397	0.406	0.415	0.422	0.429	0.435					
LGJ-95/15	0.305 80	0.353	0.371	0.385	0.397	0.406	0.415	0.422	0.429	0.435	0.440	0.445			
LGJ-95/20	0.301 90	0.352	0.370	0.384	0.396	0.405	0.414	0.421	0.428	0.434	0.439	0.444			
LGJ-95/35	0.299 20	0.343	0.361	0.375	0.387	0.396	0.405	0.412	0.419	0.425	0.430	0.435			
LGJ-120/7	0.242 20	0.349	0.367	0.381	0.393	0.402	0.411	0.418	0.425	0.431	0.436	0.441			
LGJ-120/20	0.249 60	0.347	0.365	0.379	0.390	0.400	0.408	0.416	0.422	0.428	0.434	0.439			
LGJ-120/25	0.234 50	0.344	0.362	0.376	0.388	0.397	0.406	0.413	0.420	0.426	0.431	0.436			
LGJ-120/70	0.236 40	0.335	0.354	0.368	0.379	0.389	0.397	0.405	0.411	0.417	0.423	0.428			
LGJ-150/8	0.198 90	0.343	0.361	0.375	0.387	0.396	0.405	0.412	0.419	0.425	0.430	0.435			
LGJ-150/20	0.198 00	0.340	0.358	0.372	0.384	0.394	0.402	0.409	0.416	0.422	0.428	0.433			
LGJ-150/25	0.193 90	0.339	0.357	0.371	0.382	0.392	0.400	0.408	0.414	0.420	0.426	0.431			
LGJ-150/35	0.196 20	0.337	0.355	0.369	0.381	0.391	0.399	0.406	0.413	0.419	0.425	0.430			
LGJ-185/10	0.157 20			0.368	0.379	0.389	0.397	0.405	0.411	0.417	0.423	0.428	0.463	0.437	0.441
LGJ-185/25	0.154 20			0.365	0.376	0.860	0.394	0.402	0.408	0.414	0.420	0.425	0.429	0.434	0.438

续表

导线型号	电阻	几何均距（m）													
		1.5	2.0	2.5	3.0	3.5	4.0	4.5	5.0	5.5	6.0	6.5	7.0	7.5	8.0
LGJ-185/30	0.159 20			0.365	0.376	0.386	0.394	0.402	0.408	0.414	0.420	0.425	0.429	0.434	0.438
LGJ-185/45	0.156 40			0.362	0.374	0.383	0.392	0.399	0.406	0.412	0.417	0.422	0.427	0.431	0.435
LGJ-210/10	0.141 10			0.364	0.376	0.385	0.394	0.401	0.408	0.414	0.419	0.424	0.429	0.433	0.437
LGJ-210/25	0.138 00			0.361	0.373	0.382	0.391	0.398	0.405	0.411	0.416	0.421	0.426	0.430	0.434
LGJ-210/35	0.136 30			0.360	0.371	0.381	0.389	0.397	0.403	0.409	0.415	0.420	0.425	0.429	0.433
LGJ-210/50	0.138 10			0.358	0.370	0.380	0.388	0.395	0.402	0.408	0.413	0.418	0.423	0.428	0.432
LGJ-240/30	0.118 10			0.356	0.368	0.377	0.386	0.393	0.400	0.406	0.411	0.416	0.421	0.425	0.429
LGJ-240/40	0.120 90			0.356	0.367	0.377	0.386	0.393	0.400	0.406	0.411	0.416	0.421	0.425	0.429
LGJ-240/55	0.119 80			0.354	0.365	0.375	0.383	0.390	0.397	0.403	0.409	0.414	0.419	0.423	0.427
LGJ-300/15	0.097 24									0.402	0.407	0.412	0.417	0.421	0.425
LGJ-300/20	0.095 20									0.401	0.406	0.411	0.416	0.420	0.424
LGJ-300/25	0.094 33									0.400	0.405	0.410	0.415	0.419	0.423
LGJ-300/40	0.096 14									0.399	0.405	0.410	0.414	0.419	0.423
LGJ-300/50	0.096 36									0.398	0.404	0.409	0.414	0.418	0.422
LGJ-300/70	0.094 63									0.396	0.402	0.407	0.411	0.416	0.420
LGJ-400/20	0.071 04									0.392	0.397	0.402	0.407	0.411	0.416
LGJ-400/25	0.073 70									0.393	0.398	0.403	0.408	0.412	0.416
LGJ-400/35	0.073 89									0.392	0.398	0.403	0.407	0.412	0.416
LGJ-400/50	0.072 32									0.390	0.396	0.401	0.405	0.410	0.414
LGJ-400/65	0.072 36									0.389	0.395	0.400	0.405	0.409	0.413
LGJ-400/95	0.070 87									0.387	0.392	0.397	0.402	0.406	0.411
LGJ-500/35	0.058 12									0.385	0.391	0.396	0.400	0.405	0.409
LGJ-500/45	0.059 12									0.385	0.391	0.396	0.400	0.405	0.409
LGJ-500/65	0.057 60									0.383	0.389	0.394	0.398	0.403	0.407
LGJ-630/45	0.046 33									0.378	0.383	0.388	0.393	0.397	0.402
LGJ-630/55	0.045 14									0.377	0.382	0.387	0.392	0.396	0.400
LGJ-630/80	0.045 51									0.376	0.381	0.386	0.391	0.395	0.399
LGJ-800/55	0.035 47									0.370	0.375	0.380	0.385	0.389	0.393
LGJ-800/70	0.035 74									0.369	0.375	0.380	0.384	0.389	0.393
LGJ-800/100	0.036 35									0.369	0.374	0.379	0.384	0.388	0.392

附表 2 **双分裂钢芯铝绞线导线的电阻及正序电抗** Ω/km

导线型号	电阻	几何均距（m）							
		7.5	8.0	8.5	9.0	9.5	10.0	10.5	11.0
2×LGJ-300/15	0.046 82	0.299	0.303	0.307	0.311	0.314	0.317	0.320	0.323
300/20	0.047 60	0.299	0.303	0.307	0.310	0.314	0.317	0.320	0.323
300/25	0.047 17	0.298	0.302	0.306	0.310	0.313	0.316	0.319	0.322
300/40	0.048 07	0.298	0.302	0.306	0.309	0.313	0.316	0.319	0.322
300/50	0.048 18	0.298	0.302	0.305	0.309	0.312	0.316	0.319	0.322
300/70	0.047 32	0.296	0.300	0.304	0.308	0.311	0.315	0.318	0.321
2×LGJ-400/20	0.035 52	0.294	0.298	0.302	0.306	0.309	0.312	0.316	0.318
400/25	0.036 85	0.295	0.299	0.303	0.306	0.310	0.313	0.316	0.319
400/35	0.036 95	0.294	0.298	0.302	0.306	0.309	0.313	0.316	0.319
400/50	0.036 16	0.293	0.298	0.301	0.305	0.308	0.311	0.315	0.318
400/65	0.036 48	0.293	0.297	0.301	0.305	0.308	0.311	0.314	0.317
400/95	0.035 44	0.292	0.296	0.300	0.303	0.307	0.310	0.313	0.316
2×LGJ-500/35	0.029 06	0.291	0.295	0.299	0.302	0.306	0.309	0.312	0.315
500/45	0.029 56	0.291	0.295	0.299	0.302	0.306	0.309	0.312	0.315
500/65	0.028 80	0.290	0.294	0.298	0.301	0.305	0.308	0.311	0.314
2×LGJ-630/45	0.023 17	0.287	0.291	0.295	0.299	0.302	0.305	0.309	0.311
630/55	0.022 57	0.287	0.291	0.295	0.298	0.302	0.305	0.308	0.311
630/80	0.022 76	0.286	0.290	0.294	0.298	0.301	0.304	0.307	0.310
2×LGJ-800/55	0.017 74	0.283	0.287	0.291	0.295	0.298	0.301	0.304	0.307
800/70	0.017 87	0.283	0.287	0.291	0.294	0.298	0.301	0.304	0.307
800/100	0.018 18	0.283	0.287	0.291	0.294	0.298	0.301	0.304	0.307

附表 3　　四分裂钢芯铝绞线导线的电阻及正序电抗　　Ω/km

导线型号	电阻	几何均距（m）										
		10.0	10.5	11.0	11.5	12.0	12.5	13.0	13.5	14.0	14.5	15.0
4×LGJ-300/15	0.024 31	0.251	0.254	0.257	0.260	0.262	0.265	0.267	0.270	0.272	0.274	0.276
300/20	0.023 80	0.251	0.254	0.257	0.259	0.262	0.265	0.267	0.269	0.272	0.274	0.276
300/25	0.023 58	0.250	0.253	0.256	0.259	0.262	0.264	0.267	0.269	0.272	0.274	0.276
300/40	0.024 04	0.250	0.253	0.256	0.259	0.262	0.264	0.267	0.269	0.271	0.274	0.276
300/50	0.024 09	0.250	0.253	0.256	0.259	0.262	0.264	0.267	0.269	0.271	0.273	0.276
300/70	0.023 66	0.249	0.253	0.255	0.258	0.261	0.263	0.266	0.268	0.271	0.273	0.275
4×LGJ-400/20	0.017 76	0.248	0.251	0.254	0.257	0.260	0.262	0.265	0.267	0.270	0.272	0.274
400/25	0.018 43	0.249	0.252	0.255	0.257	0.260	0.263	0.265	0.267	0.270	0.272	0.274
400/35	0.018 47	0.248	0.252	0.254	0.257	0.260	0.263	0.265	0.267	0.270	0.272	0.274
400/50	0.018 08	0.248	0.251	0.254	0.257	0.259	0.262	0.265	0.267	0.269	0.271	0.274
400/65	0.018 09	0.248	0.251	0.254	0.257	0.259	0.262	0.264	0.267	0.269	0.271	0.273
400/95	0.017 72	0.247	0.250	0.253	0.256	0.259	0.261	0.264	0.266	0.268	0.271	0.273
4×LGJ-500/35	0.014 53	0.247	0.250	0.253	0.255	0.258	0.261	0.263	0.266	0.268	0.270	0.272
500/45	0.014 78	0.247	0.250	0.253	0.255	0.258	0.261	0.263	0.266	0.268	0.270	0.272
500/65	0.014 40	0.246	0.249	0.252	0.255	0.258	0.260	0.263	0.265	0.267	0.270	0.272
4×LGJ-630/45	0.011 58	0.245	0.248	0.251	0.254	0.256	0.259	0.261	0.264	0.266	0.268	0.270
630/55	0.011 29	0.245	0.248	0.251	0.253	0.256	0.259	0.261	0.263	0.266	0.268	0.270
630/80	0.011 38	0.244	0.247	0.250	0.253	0.256	0.258	0.261	0.263	0.266	0.268	0.270
4×LGJ-800/55	0.008 87	0.243	0.246	0.249	0.252	0.254	0.257	0.259	0.262	0.264	0.266	0.268
800/70	0.008 94	0.243	0.246	0.249	0.252	0.254	0.257	0.259	0.262	0.246	0.266	0.268
800/100	0.009 09	0.243	0.246	0.249	0.251	0.254	0.257	0.259	0.261	0.264	0.266	0.268

注　1. LGJ-150/10 表示标称截面积为铝 150mm²，钢 10mm²的钢芯铝绞线；

2. 一般情况下，零序电阻及零序电抗应由实测获得，无实测零序参数时，也可按正序参数的 k 倍折算获得，k 值原则[1]：无架空地线的单回线路，k 取 3.5；有钢质架空地线的单回线路，k 取 3；有良导体架空地线的单回线路，k 取 2；无架空地线的双回线路，k 取 5.5；有钢质架空地线的双回线路，k 取 4.7；有良导体架空地线的双回线路，k 取 3；

3. 在无准确参数下，LJ、LGJQ、JL/GIA、JL/HA2 等型号导线参数可取对应的 LGJ 型导线参数；

4. 在无准确的输电线路几何均距时，推荐取较大几何均距的导线参数（即较大的阻抗值），这样取值的结果是不论电流保护范围还是阻抗保护范围均较取准确几何均距时的保护范围有所扩大。

附表 4　　三芯电力电缆的电阻及正序电抗　　Ω/km

芯线截面积（mm^2）	10kV			35kV		
	电阻		电抗	电阻		电抗
	铝芯	铜芯		铝芯	铜芯	
25	1.280	0.740	0.094			
35	0.920	0.540	0.088			
50	0.840	0.390	0.082			
70	0.460	0.280	0.079	0.460	0.280	0.132
95	0.340	0.200	0.076	0.340	0.200	0.126
120	0.270	0.158	0.076	0.270	0.158	0.119
150	0.210	0.123	0.072	0.210	0.123	0.116
185	0.170	0.103	0.069	0.170	0.103	0.113

注 1. 110kV（220kV）高压电缆的平均电抗为 0.18Ω/km；

2. 20kV 电缆的平均电抗[21]为 0.11Ω/km；

3. 零序电抗：①10～35kV 电缆，零序电抗取 3.5 倍正序电抗；②110kV（220kV）电缆，零序电抗取（0.8～1.0）倍正序电抗；

4. 电缆的电阻、电抗及零序参数与电缆材料、结构组成、敷设方式等多种因素有关，在无确切资料下，可使用表中对应参数，并与实测参数进行校核。

附录二　地区电网保护时间配合关系简图

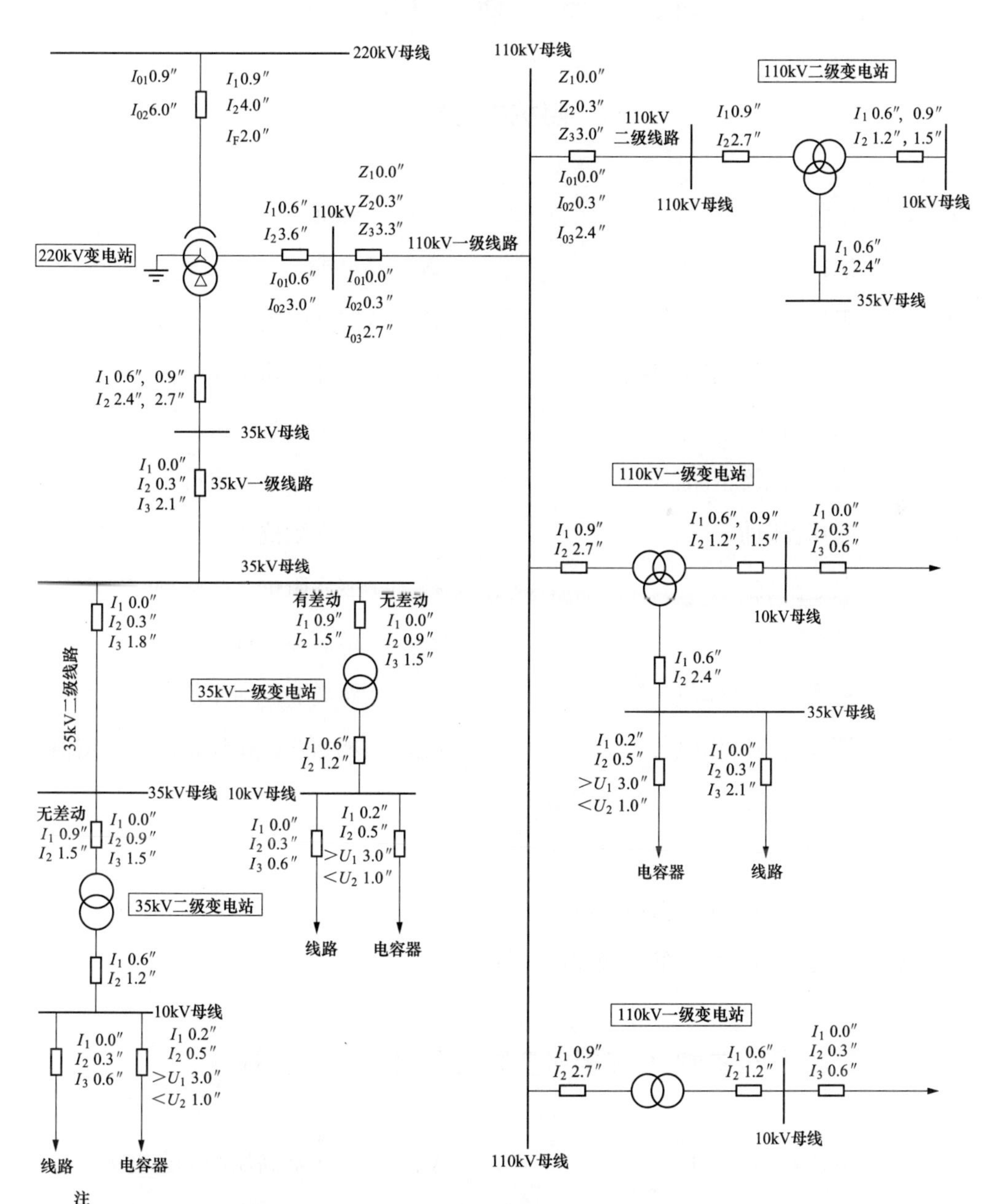

注

1. I_1过电流Ⅰ段、I_2过电流Ⅱ段、I_3过电流Ⅲ段、I_{01}零序(接地距离)Ⅰ段、I_{02}(接地距离) 零序Ⅱ段、I_{03}(接地距离)零序Ⅱ段、IF非全相。
2. Z_1距离Ⅰ段、Z_2距离Ⅱ段、Z_3距离Ⅲ段、$<U$失电压、$>U$过电压。

符 号 说 明

一、 阻抗类符号

符号	含义	符号	含义
R	电阻	X_{C}	容抗
X_{l}	感抗	X	电抗
$Z=R+\mathrm{j}X$	阻抗	Z_{l}	线路阻抗
Z'_{T}	相邻变压器正序阻抗	Z'_{I}	相邻线路正序阻抗
Z_{s}	系统阻抗	Z_{fhmin}	最小负荷阻抗
$Z_{\mathrm{s.max}}$	大方式系统阻抗	$Z_{\mathrm{s.min}}$	小方式系统阻抗
Z_{b}	变压器阻抗	Z_{1}	正序阻抗
Z_{2}	负序阻抗	Z_{0}	零序阻抗
Z_{B}	基准阻抗	X_{R}	电感器电抗
$Z_{\mathrm{dz}}^{\mathrm{I}}$	距离Ⅰ段动作值	$Z_{\mathrm{dz}}^{\mathrm{II}}$	距离Ⅱ段动作值
$Z_{\mathrm{dz}}^{\mathrm{III}}$	距离Ⅲ段动作值	$Z_{\mathrm{dz}}^{\mathrm{I}'}$	相邻线路接地距离Ⅰ段定值
$Z_{\mathrm{dz}}^{\mathrm{II}'}$	相邻线路接地距离Ⅱ段定值		
$Z_{\mathrm{dz}}^{\mathrm{III}'}$	相邻线路接地距离Ⅲ段定值		
X_{T1} X_{T2} X_{T3}	变压器高、中、低压侧电抗		
X_{0T1} X_{0T2} X_{0T3}	变压器高、中、低压侧零序电抗		

二、 标幺参数（在相应变量符合加“*”上标）

符号	含义	符号	含义
Z_{b}^{*}	变压器标幺阻抗	X_{T1}^{*}	变压器高压侧标幺电抗

三、 常用系数

符号	含义	符号	含义
k_{k}	可靠系数	k_{lm}	灵敏系数
k_{re}	返回系数	k_{f}	分支系数

k_{zqd}	自启动系数	$k_{z(1)}$	（正序）助增系数
k_{V}	过电压系数	k_{er}	流变变比误差系数
k_{ph}	配合系数	k_1、k_2、k_3	比例系数
Δu	变压器调压误差	Δm	流变变比不匹配误差

四、 时间类符号

Δt	时间级差	t_{I}	Ⅰ段动作时间
t_{II}	Ⅱ段动作时间	t_{III}	Ⅲ段动作时间
t_{I}^{1}	Ⅰ段1时限动作时间	t_{I}^{2}	Ⅰ段2时限动作时间

五、 电流类符号

I_{B}	基准电流	I_{fhmax}	最大负荷电流
I_{C}	电容电流	I_{dz}	过负荷定值
I_{e}	额定电流	I_{dz}^{I}	Ⅰ段电流动作值
I_{0dz}^{I}	零序Ⅰ段电流动作值	I_{2dz}^{I}	负序Ⅰ段电流动作值
$I_{dmin}^{(1)}$	最小单相接地短路电流	$I_{dmin}^{(2)}$	最小两相短路电流
$I_{dmax}^{(3)}$	最大三相短路电流	I_{bpmax}	最大不平衡电流
I_{cdqd}	差动启动电流	I_{cdsd}	差动速断定值
I_{cdbs}	差动闭锁定值	I_{0bpmax}	最大不平衡零序电流
I_{0min}	最小零序电流	I_{0max}	最大零序电流
I_{0dz}	零序电流动作值	I_{0F}	非全相运行最大零序电流
$I_{0dz}^{\mathrm{I}'}$	相邻线路零序Ⅰ段定值	$I_{0dz}^{\mathrm{II}'}$	相邻线路零序Ⅱ段定值
$I_{0dz}^{\mathrm{III}'}$	相邻线路零序Ⅲ段定值		

六、 电压类符号

U_{B}	基准电压	U_{dybs}	低电压闭锁定值

U_{fybs}	负序电压闭锁定值	U_{bpmax}	最大不平衡电压
U_{e}	额定电压	U_{x}	相电压
U_{gy}	过电压保护定值	U_{dy}	低压保护定值
U_{ex}	额定相电压		

参 考 文 献

[1] 何仰赞，温增银．电力系统分析（上册）．3版．武汉：华中科技大学出版社，2002.
[2] 国家电力调度通信中心．国家电网公司继电保护培训教材（上册）．北京：中国电力出版社，2009.
[3] 崔家佩，孟庆炎，陈永芳，等．电力系统继电保护与安全自动装置整定计算．北京：水利电力出版社，1993.
[4] 程晓平．简化距离保护整定计算方法．电力自动化设备，2001.
[5] 杨明玉，侯瑞鹏，张永浩，等．牵引变电站对上级线路保护整定计算影响分析．电气应用，2013.
[6] 阿克曼．风力发电系统．谢桦，王健强，姜久春，译．北京：水利水电出版社，2010.
[7] 国家电力公司东北电力设计院，张殿生．电力工程高压送电线路设计手册．2版．北京：中国电力出版社，2002.
[8] 弋东方．电力工程电气设计手册：电气一次部分．北京：中国电力出版社，1989.